JN005527

最新版 オーディオ用オペアンプICデバイスのすべて

ハイレゾ時代のオペアンプICを，内部構成，アプリケーション，実測データと試聴で解説

河合 一

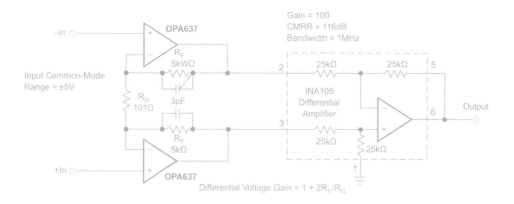

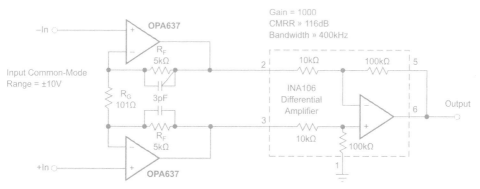

目　次

はじめに

「ハイレゾオーディオ」の普及はここ数年著しいものがあるが、オーディオ業界においては1982年に登場したオーディオCD（Compact Disc Digital Audio）およびCD再生プレーヤーの市場への登場が「デジタルオーディオ」の基幹技術となったと言える。デジタルオーディオ関連分野においては、DAT（Digital Audio Tape）、DVD-Audio/Movieなどの新フォーマットが多く登場してきた。また、インターネット環境の進歩は、MP3、WAVなどの「ファイル形式」という記録媒体の変化をもたらし、新しいデジタルオーディオのあり方を示すとともに、相応に多くの再生機器が各社より発売されている。

デジタルオーディオ・アプリケーションにおける基幹デバイスはA/DコンバーターIC（ADC）デバイス、D/AコンバーターIC（DAC）デバイスであり、ここ10数年での性能（特性）スペックは著しく高性能化を遂げた。そしてこれらのデジタルオーディオ関連デバイスの進歩は著しいものがある。

デジタルオーディオであっても、録音/再生システムにおける信号の入力/出力部は「アナログ回路」であり、オーディオ・アナログ回路の基幹デバイスはディスクリート半導体やオペアンプICである。特にオペアンプICは産業/計測用の高精度オペアンプIC、通信用高速オペアンプICなどの製品カテゴリーに加えて、「オーディオ用」製品カテゴリーに分類されるオペアンプICモデルが多く存在する。オーディオ用オペアンプICでは一般的なオペアンプICの特性規格に加えて、THD＋N特性などのオーディオ関連スペックに代表されるダイナミック特性が規定されるものがほとんどである。また、実装オーディオ機器のS/N特性に大きく影響することから、オペアンプICとしての各種ノイズ特性も重要となる。

これらオーディオ用オペアンプICについては、オーディオ技術月刊誌『MJ無線と実験』において、2010年から筆者が解説記事を連載させていただいた。本書ではこれらの各月号での筆者の掲載記事をベースに、解説内容と構成を再検討するとともに、オーディオ用としてのオペアンプICの各特性の詳細と応用回路例について解説している。

連載掲載時の2010年ではハイレゾはまだない時代であったが、DVD-Audioに代表される基準サンプリングレート・fs＝192kHz、量子化分解能＝24bitは存在しており、アナログ入出力部を構成するオペアンプICも相応の高性能（周波数特性、THD＋N特性、S/N特性）が求められ、同連載記事で紹介したオペアンプICもオーディオ・アプリケーションで相応の特性を有するオペアンプICモデルを選択した。

また本書においては、現在の最高性能オーディオ測定器Audio Precisionにより、代表的オペアンプICを各種条件（回路方式、回路ゲイン）での実特性を測定し、それらの測定結果をまとめている。この測定により、各社のデータシート記載のスペックと実特性スペックとの違いも明らかにする。各種オペアンプICの実測定と本書巻末の「音質評価」においては、斬新でユニークなオーディオ製品を開発・販売し国内外のオーディオ雑誌において各賞の受賞経験も豊富な、オーロラサウンド株式会社の代表者、唐木志延夫氏に全面的に協力をいただいた。誌面をお借りしてお礼申し上げる。

第1章

オペアンプ IC デバイス
解説

本章ではオペアンプICの開発歴史から、基本動作と基本応用回路、各種特性スペックの詳細解説、各種アプリケーション回路の動作解説、各社オーディオ用オペアンプICの概要と特徴について解説します。

　オペアンプ（Operational Amplifier）ICデバイスの歴史は非常に古い。現在では全製品が集積回路（Integrated Circuit）であるが、基本デバイスとして開発された1950年代はディスクリート構成のモジュール製品であり、1960年代に現在の形式である集積回路として市場に登場した。オペアンプICに限らず半導体デバイスの製造技術工程や回路技術は日進月歩で進化し、オーディオアプリケーションを含む民生用途から産業/工業用途、計測用、医療用、軍事用まで非常に多くの種類のオペアンプ製品が存在し、同時に多くのオペアンプICの実装製品がある。**図1-1**に現代のオペアンプICの代表的なパッケージ外観例を示す。1回路（Single）または2回路（Dual）のタイプはDIP/SOP/SSOP型ともに8ピン構造、4回路以上のものは14ピン以上の構造の製品が主流となっている。

図1-1　代表的オペアンプICの外観例

　本章では非常に多くの種類のオペアンプICデバイスの中でもオーディオアプリケーション用オペアンプIC（もしくは開発用途はオーディオ用ではないものの、オーディオ用途として応用できるもの）を中心に、各社の機能別代表的オペアンプICモデルを実例にその特徴、機能、各種電気（オーディオ）特性、アプリケーション例などについて解説する。本章ではオペアンプICデバイスの概要とスペック規定の詳細解説、オペアンプICの応用例解説が中心であり、半導体デバイスとしての回路設計技術、プロセス生産技術などに関する解説は、他の専門書に譲りたい。また、オペアンプICについても多くの書籍が存在する。

　本書ではオーディオ用オペアンプICをメインにしているが、オペアンプICの基本的な理論は共通である。こうした観点から、専門書の例として筆者自身が外資系半導体企業在籍時に基本的教科書としていたものを**図1-2**に示す。ひとつは1971年に発刊された、"Operational Amplifiers Design and Application"で、もうひとつは1984年に改訂版が発刊された"Analysis and Design of Analog Integrated Circuit"である。当然英文であるが、

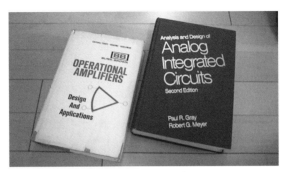

図1-2 オペアンプ/アナログ回路のバイブル的書籍例

オペアンプ開発/応用設計者など、ご興味のある方は検索確認いただきたい。

現在流通しているオペアンプIC製品は、市場価格の観点からすると、1個100円未満の廉価版から1個数千円もする高精度製品まで非常に広範囲である。本書においては製品価格に関係なく、「オーディオ用途」として特徴のある製品について抜粋し紹介、解説させていただく。

1-1 オペアンプICの概要と基本動作

オペアンプICはオーディオに限らず、エレクトロニクス分野では最も普及しているICと言える。オーディオアプリケーションをメインとするアナログ回路における基本機能としては、主に次に掲げる基本機能が掲げられる。

・反転信号増幅/処理
・非反転信号増幅/処理
・差動信号増幅/処理
・バッファー回路
・アナログ演算処理(加算、減算、対数演算、電流-電圧変換など)
・フィルター回路(LPF、HPFなど)

これらの機能/処理はオペアンプICと数個の電子部品(主に抵抗とコンデンサー)で構成することができ、オペアンプICを含む各コンポーネントの小型化により、基板実装における占有面積は非常に省スペース化されてきている。基本特性/性能(オフセット電圧などのDC特性と信号帯域幅特性などのAC特性)はオペアンプICモデルにより非常に広範囲であり、目的(回路)に応じてオペアンプICの性能/特性と使用CRコンポーネントの精度が選択されることになる。

1-1-1　オペアンプICの基本動作

オペアンプICの基本動作としては通常、次に掲げる理想動作条件が設定されている。**図1-3**にオペアンプICの基本的なシンボルマークを示す。

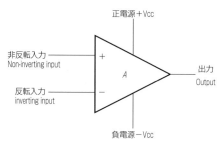

正電源＋Vcc

非反転入力
Non-inverting input

＋

A

出力
Output

反転入力
inverting input

－

負電源－Vcc

図1-3　オペアンプIC基本シンボルマーク

オペアンプICの信号回路機能としては、非反転入力（Non-Inverting Input）、反転入力（Inverting Input）、出力（Output）の3端子で表現されることがほとんどである。実際の応用回路においても電源端子を除いた信号機能分のみで表示されることが多い。同図においては、オペアンプICの電源供給（正負電源）端子も加えているが、これはICパッケージ端子として最低でも5個の端子が必要であることを示している。また、同図においては、オペアンプICを簡易的に扱うための基本機能を示している。すなわち、次に示す動作理想条件下のものである。

・オープンループゲイン（開利得）・Aが無限大
・入力インピーダンスが無限大（バイアス電流なし）
・出力インピーダンスがゼロ
・周波数特性が無限大
・過渡応答特性が理想（信号遅延、過渡応答・オーバー/アンダーシュートなどがない）
・入力オフセット電圧がゼロ
・入力/出力雑音がゼロ
・各特性の温度ドリフトがゼロ

もちろん、実際のアプリケーションにおいてはここで示した各要素（特性）が実回路の総合的な実特性を制限することになり、実回路設計においては各種オペアンプICの総合的な特性（ノイズ特性重視、入力インピーダンス重視など）を検討し、最適なモデルが選択されることになる。**図1-4**に入出力インピーダンスを加味したオペアンプICの簡略等価モデルを示す。

図1-4において非反転入力信号はVin1、反転入力信号はVin2、出力信号はVout、オペ

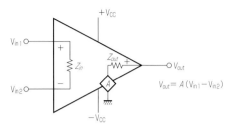

図1-4 オペアンプICの等価モデル

アンプオープンループゲイン（利得）はAでそれぞれ示されている。また、非反転入力端子-反転入力端子間の入力インピーダンスはZin（入力部素子がFETかバイポーラーで特性は異なる、詳細後述）、出力インピーダンスはZoutで示されている。すなわち、オペアンプICは単体としては入力信号Vin1とVin2の差成分をゲインA倍して出力信号Voutとなることを意味している。実際にオペアンプICをこの状態で用いることはないが、裸の特性としての動作基本はこの通りである。

1-1-2　反転増幅回路

　図1-5に反転増幅基本回路を示す。反転増幅回路の基本構成は入力抵抗R1と帰還抵抗R2のコンポーネントで構成される非常にシンプルなオペアンプ回路である。この回路の増幅度（回路ゲインG）は次式で求められる。

$$G = -(R2/R1) \quad \cdots\cdots\cdots\cdots\cdots\cdots\cdots\cdots\cdots\cdots\cdots\cdots\cdots\cdots\cdots\cdots\cdots\cdots\cdots\cdots\cdots \text{式1-1}$$

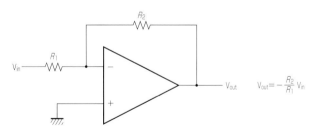

図1-5　反転増幅基本回路

　上式に－符号があるのは信号極性（位相）が反転することによる。より高精度なゲイン計算においては、オペアンプICの有限利得（対周波数特性を含む利得帯域幅）と入力換算ノイズ電圧/電流、オフセット電圧、バイアス電流による誤差などを加味しなければならないが、一般的には式1-1での設計で十分である。ただし、オーディオアプリケーションではノイズ特性とTHD＋N特性（対信号周波数、対信号レベル）やスルーレート特性と

いったダイナミック特性が重要である。

　式1-1のゲイン計算式はオペアンプ入力部が仮想接地（イマジナルショート/バーチャルショートなどとも呼称される）動作することを元に導かれている。

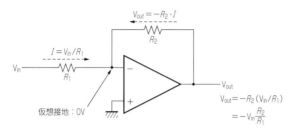

図1-6　仮想接地による反転増幅回路ゲイン

　図1-6に仮想接地理論による非反転増幅回路の動作原理を示す。オペアンプICの非反転入力端子の電位は仮想接地により非反転入力と同じGND（0V）電位となる。入力信号電圧入力抵抗R1に信号入力電圧Vinが印加されるとオームの法則により電流Iは（Vin/R1）で決まる。一方出力側抵抗R2にも同じ電流Iが流れ出力Voutには（I・R2の電圧が発生する。従って、入出力関係は次式で表される。

$$\mathrm{Vout} = -(R2/R1)\mathrm{Vin} \cdots\cdots\cdots\cdots\cdots\cdots\cdots\cdots\cdots\cdots\cdots\cdots\cdots\cdots\cdots 式1\text{-}2$$

これにより、非反転増幅回路のゲインG（＝Vout/Vin）は式1-1の通りG＝-R2/R1）で求めることができる。式にマイナス符号が発生するのは出力Vout端子から反転入力端子に電流が流れ込む動作となるので電圧もマイナス電位となることによる。

1-1-3　非反転増幅回路

　図1-7に非反転増幅の基本回路を示す。非反転増幅回路の回路ゲインGは次式で求められる。

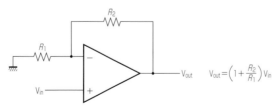

図1-7　非反転増幅基本回路

$$G = 1 + (R2/R1) \cdots\cdots\cdots\cdots\cdots\cdots\cdots\cdots\cdots 式1\text{-}3$$

　非反転増幅では極性（位相）は反転せず入力信号と出力信号の極性は同じとなる。反転増幅回路と同様に抵抗2本の最小コンポーネントで構成することができる。

　非反転増幅回路では入力/出力間の位相が同一であることから、オペアンプICのモデルによっては安定動作ゲインGが制限されるものもある（たとえば、$G = 1$では動作不安定となり使用不可、$G > 2$で安定動作保証など）。非反転増幅回路も非反転回路と同様に仮想接地の原理が適用される。**図1-8**において、仮想接地理論により非反転入力電圧Vinは非反転入力にも同じ電圧が発生し、反転入力端子から抵抗R2を介して発生する電圧が出力電圧Voutとなる。

$$\begin{aligned} \text{Vout} &= \text{Vin} + \text{I} \cdot \text{R2} \\ &= \text{Vin} + (\text{Vin/R1}) \cdot \text{R2} \\ &= \text{Vin} + (1 + \text{R2/R1}) \cdots\cdots\cdots\cdots\cdots\cdots 式1\text{-}4 \end{aligned}$$

従って、回路ゲイン（Vout/Vin）は1-3式で表される、$G = 1 + (R2/R1)$となる。

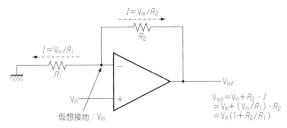

図1-8　仮想接地による非反転回路ゲイン

1-1-4　負帰還回路としてのオペアンプIC回路

　オペアンプICは出力端子と反転入力端子または非反転入力端子間に帰還抵抗を接続して用いる。これは一般的なオペアンプ増幅回路が負帰還増幅回路として処理されていることを意味している。**図1-9**に帰還増幅回路の基本構成を示す。

　図1-9において増幅度AはオペアンプICの開ループゲインであり、帰還増幅度βは入出力間に接続される抵抗比で決定される（たとえば、**図1-7**の例ではR1とR2の比）。この帰還増幅回路の入出力特性は次式で示すことができる。

$$\text{Vout} = \text{Vin} \cdot \frac{A}{1 + A \cdot \beta} \cdots\cdots\cdots\cdots\cdots\cdots\cdots 式1\text{-}5$$

　実際のオペアンプ増幅回路において、比較的低ゲイン回路（20dB以下）、要求ゲイン制

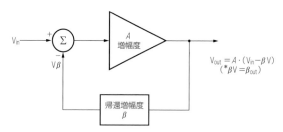

図1-9　帰還増幅回路基本構成

度が高くない（2%～10%程度の誤差は許容範囲内）条件では1-5式を用いたゲイン計算よりも単純な抵抗比でのゲイン計算で回路設計しても構わないが、比較的高ゲイン（40dB以上）で比較的高い要求精度（1%以下など）が必要な回路においては、オペアンプ IC のオープンループゲインを考慮した設計が必要になる。**図1-10** に非反転増幅回路における正確な回路ゲイン Go（Vout/Vin）、抵抗比で決定する回路ゲイン G、有限ゲイン A と帰還率 β を考慮した誤差ゲイン Gr の関係を示す。

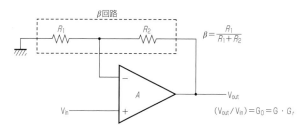

図1-10　帰還率 β と正確な回路ゲイン Go

　同図において、帰還率 β は抵抗比 R1/（R1 ＋ R2）で決定される。回路ゲイン G は前述の通り 1 ＋（R2/R1）である。一般的なゲイン式では $Go = G$、ゲイン誤差 Gr は誤差要素がないとして、$Gr = 1$ で扱われる。正確なゲイン計算には Gr は次式で表させる。

$$Gr = \left(\cfrac{1}{1+\cfrac{1}{A\beta}} \right) \quad \cdots\cdots\cdots\cdots\cdots\cdots\cdots\cdots\cdots\cdots\cdots\cdots\cdots\cdots\cdots\cdots \text{式1-6}$$

たとえば、R1 ＝ R2 ＝ 1Ω とすれば β ＝（1/2）＝ 0.5、G ＝ 1 ＋ 1 ＝ 2 となる。Gr は A を 10000（80dB、通常のオペアンプ IC は 100dB 以上であるものがほとんど）とすると、

　　$A\beta$ ＝ 10000 × 0.5 ＝ 5000

　　$1/A\beta$ ＝ 1/5000 ＝ 0.0002

$$Gr = 1/\{1 + (1/A\beta)\} = 1/(1 + 0.0002) = 0.9998$$

となり、正確なゲインGoは次のようになる。

$$Go = G \times Gr = 2 \times 0.9998 = 1.9996$$

　すなわち、抵抗比による設定回路ゲイン$G = 2$に対する実ゲインGoはGo = 1.9996となる。これはdB換算で約0.002dBとなり、当例ではほとんどゲイン誤差として扱わなくても構わないこと意味している。ただし、実回路において設定回路ゲインGが高く（設定ゲイン>40dB）、オペアンプICモデルの開ループゲインAが低い（小さい、開ループゲイン100dB以下）ケースにおいてはこのゲイン誤差の影響を考慮しなければならない場合もある。

　図1-11にオペアンプICの開（オープン）ループゲイン特性と閉（クローズド）ループゲイン特性グラフの関係を示した特性グラフ例を示す。

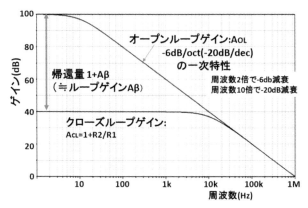

図1-11　開ループ/閉ループゲイン特性例

　同図は、群馬大学協力研究員、中谷隆之氏の講義資料『アナログ基礎：オペアンプ編』から引用させていただいた。また、同図ではオープンループゲインAはAOL、クローズループゲインGはACLで表記されている。同図から明らかなように設定した回路ゲインを維持する信号周波数は開ループゲインの周波数特性と閉ループゲインに大きく依存することがわかる。同図の例では、設定クロー　ズドゲイン（40dB）を維持する周波数は5kHz程度までで、10kHzより高い周波数に対しては6dB/oct.で回路ゲインは低下し（この6dB/oct.のゲイン周波数特性は標準的なオペアンプICすべてに共通の特性である）、ゲインが0dBとなる周波数（ユニティゲイン周波数/Unity Gain Frequencyと定義/呼称する）は1MHzであることを示している。

　このゲイン周波数特性はオペアンプICモデルにより大きく異なり、ユニティゲイン周

波数が10MHz以上である広帯域オペアンプICモデルでは50k～100kHz程度まで40dB
のクローズドゲインを維持することができることになる。本項では開ループゲインと閉ル
ープゲインとの関係を中心に解説しているが、オペアンプICの各種ダイナミック特性は、
基本的に開ループゲイン/周波数特性で決定されるので非常に重要な特性の代表でもあ
る。**図1-12**に実モデルにおけるゲイン/位相特性例を示す。

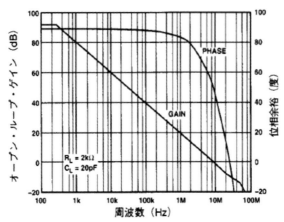

図1-12　ゲイン/位相特性例

　図1-11の特性例では省略されているが、各社オペアンプIC製品のデータシート**図1-12**
の例で示した通り、ゲインとともに位相特性が示されているのがほとんどである。位相特性
は回路の安定性と応答特性に対して重要なファクターとなるが、これについては後述する。

1-1-5　差動増幅回路

　図1-13に差動増幅回路の基本構成を示す。差動増幅回路（Balanced Amp）は信号入力
が2入力であり、その差動（信号差成分）に対しての増幅動作を実行する。差動増幅回路
の差動ゲインGdは次式で求められる。

$$Gd = (R2/R1)(Vin2 - Vin1) = (R2/R1)\cdot Vd \cdots\cdots\cdots\cdots\cdots\cdots\cdots\cdots\cdots$$ 式1-7
Vd：入力差動信号

で求められる。ただし、R1 = R2、R3 = R4という条件付き
　オーディオ回路における差動増幅回路は、バランス信号入力-シングルエンド信号出力
が基本機能であるが、産業/工業分野では応用回路を含んだ計測アンプICとして高精度計
測用途にも多く用いられている。

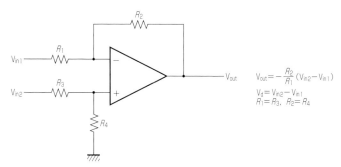

図1-13 差動増幅回路基本構成

$$V_{out} = -\frac{R_2}{R_1}(V_{in2} - V_{in1})$$

$$V_d = V_{in2} - V_{in1}$$
$$R_1 = R_3,\ R_2 = R_4$$

　差動増幅回路の最大のメリットは信号入力の差動成分のみを増幅し、同相成分に対しては反応しないことである。たとえば、実装回路上の同相成分として電源・GNDに乗っているハム＆ノイズなどを除去することができる。ただし、実際にはR1〜R4の抵抗誤差などが同相成分のゲイン（除去）に影響を与え、高い同相分除去を得るには高精度な抵抗マッチングが必要となる、この同相分除去（比）はCMRR（Common Mode Rejection Ratio）特性として次式で定義されている。

$$CMRR = (Gd/Gc)\ \cdots\cdots\cdots\cdots\cdots\cdots\cdots\cdots\cdots\cdots\cdots\cdots\cdots\cdots\cdots\cdots\cdots\cdots\text{式1-8}$$

$$CMRR = 20Log(Gd/Gc)(dB)\ \cdots\cdots\cdots\cdots\cdots\cdots\cdots\cdots\cdots\cdots\cdots\cdots\cdots\text{式1-9}$$

$$Gd = 差動ゲイン、Gc = 同相ゲイン$$

　CMRR特性はAC信号に対しては開ループゲイン（差動ゲインGd）が周波数特性を有することと、オペアンプIC内実装のキャパシタンス成分のバランスも影響してくるので、対周波数特性を有するのが一般的である。当然、信号周波数が高くなるとCMRR特性も低下する傾向にある。ここで述べた通り、オペアンプIC自身もその動作原理からCMRR特性（非反転入力端子と反転入力端子に同じ電圧が印加されたときの出力電圧変化）を有している。**図1-14**に高速オペアンプICのCMRR特性グラフ例を示す。当特

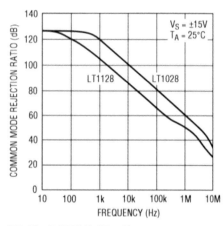

図1-14 CMRR特性グラフ例

性グラフ例ではファミリーの2モデル（LT1128、LT1028）の特性が示されている。

1-1-6　アナログ演算回路

オペアンプICを用いたアナログ演算回路としては、加算回路、減算回路（表現が異なるが差動増幅回路と同等機能）、対数演算回路、I/V変換回路などが掲げられる。オーディオアプリケーションでは、マルチチャンネル信号のミクシングに加算回路が多く用いられている。**図1-15**に反転型加算回路例、**図1-16**に非反転型加算回路例をそれぞれ示す。

■反転型加算回路

図1-15の反転型加算回路では入力抵抗R1、R2と帰還抵抗R3で構成され、回路ゲイン式は次式で表される。

$$Vout = -\{(R3/R1)\cdot Vin1 + (R3/R2)\cdot Vin2\} \cdots\cdots\cdots\cdots\cdots\cdots 式1\text{-}10$$

当例においては入力が2系統の場合を示したが、当然アプリケーションにより3系統以上の多チャンネル入力に対応する場合もある。この場合、入力側の抵抗R1、R2が対応チャンネル数分増加し、式1-10にその分（R3/Rn）・VinNが加わることになる。ただし、反転入力型の場合は入力抵抗（当例ではR1、R2が入力インピーダンスとなるので、前段回路とのインピーダンスマッチングを考慮した設計（バッファーアンプなどによる前段回路の低出力インピーダンスの化）が必要になる。

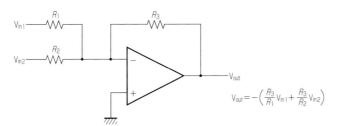

図1-15　反転型加算回路例

■非反転型加算回路

同様に**図1-16**の非反転型加算回路では、入力（接地）抵抗R1と帰還抵抗R2で構成され、同図においては前段回路とのマッチング用抵抗RS1、RS2が接続されている。回路ゲイン式は次のようになる。

$$Vout = (R2/R1)\cdot(Vin1 + Vin2) \cdots\cdots\cdots\cdots\cdots\cdots\cdots\cdots\cdots 式1\text{-}11$$

非反転型と同様に、4チャンネルなど、多チャンネル入力の場合は（Vin1 + Vin2 + VinN）

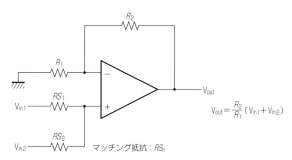

$$V_{out} = \frac{R_2}{R_1}(V_{in1} + V_{in2})$$

マッチング抵抗：RS_n

図1-16 非反転型加算回路例

と相応の入力電圧が加算される。

　前述の通り、いずれの場合も入力信号チャンネルは2チャンネルの例として示したが、アプリケーションにより4チャンネル以上の多チャンネルを構成する場合もある。また、回路前段の信号条件（主に出力インピーダンスと信号源相互間クロストーク/チャンネルセパレーション）により単純な**図1-15**、**図1-16**の示した単純な加算回路として構成できないケースも存在する。

　たとえば、**図1-16**の加算回路では、RS1、RS2のマッチング抵抗が挿入されているが、これらの抵抗がない場合、信号源Vin1とVin2が直接接続されることになり、信号源の条件によっては相互干渉/悪影響が発生することを防止する意味もある。また反転型加算回路と同様に相互干渉防止の目的で、前段回路はバッファーアンプ構成とするケースもある。

■I/V変換回路

　図1-17にI/V（電流-電圧、I-to-V）変換基本回路を示す。

　I/V変換回路は、デジタルオーディオ分野では電流出力型D/AコンバーターICの電流出力信号を電圧信号に変換するために用いられている。信号源電流をIS、帰還抵抗をRFとすれば、出力電圧Voutは次式で求められる。

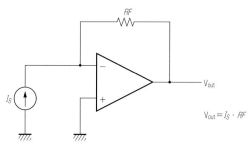

$$V_{out} = I_S \cdot RF$$

図1-17 IV変換基本回路

$$\text{Vout} = \text{IS} \cdot \text{RF} \cdots\cdots\cdots\cdots\cdots\cdots\cdots\cdots\cdots\cdots\cdots\cdots\cdots\cdots\cdots\cdots 式1\text{-}12$$

　前述の通りI/V変換回路では、信号電流源は電流出力型DACデバイスICである。これはオーディオ特性としての低ノイズ対応（高S/N）を目的としている。使用オペアンプICが低ノイズ特性であることは必修であるが、信号源が電流なので電流性ノイズも電圧性ノイズに比べて非常に小さく、実アプリケーションにおいて高いS/N（110〜120dB）を実現することが可能である。

　そのほかのアナログ演算回路としては、対数（LOG）アンプ、演算ではないがリミッターアンプ、サンプル＆ホールド回路などがあるが、本書ではオーディオ回路をメインとしているので省略させていただく。

1-1-7　アクティブフィルター回路
■フィルター機能による分類

　アクティブフィルター回路は、オーディオアプリケーションで非常に多く用いられている。簡単なCRコンポーネントによるパッシブ型のフィルターもあるが、オペアンプICを用いたアクティブ型フィルターが多く用いられている。フィルターの基本機能の種類としては、

・LPF（Low Pass Filter、低域通過フィルター）

・HPF（High Pass Filter、高域通過フィルター）

・BPF（Band Pass Filter、帯域通過フィルター）

・BEF（Band Emission Filter、帯域除去フィルター）

が存在するが、オーディオアプリケーションではLPF（ハイカットフィルターの別称もあり）とHPF（ローカットフィルターの別称もあり）の両者がほとんどと言える。

　図1-18にLPFとHPFの特性概念を示す。フィルターの利得-周波数特性においては通過帯域（Pass Band）と遮断（阻止）帯域（Stop Band）に区分される。

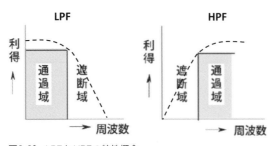

図1-18　LPFとHPFの特性概念

同様に**図1-19**にBPFとBEPの特性概念を示す。

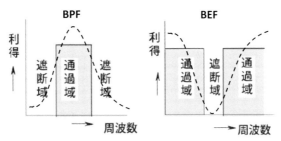

図1-19　BPFとBEFの特性概念

　BPFは実オーディオ機器では発展型としてグラフィックイコライザーなどに応用されている。BEFフィルターがオーディオ機器で用いられることは、業務機以外ほとんどないと言える。

　各フィルターのゲイン周波数特性は通過帯域と阻止帯域に区別することができるが、両者の境界はフィルター次数が高くなるほど急峻になる。アクティブフィルターの基本性能（周波数減衰特性）は基本的にアクティブフィルター次数で決定され、一般的なアクティブフィルターの減衰特性はフィルター次数をNとすると次式で決定する。

$$減衰特性 = 6 \times N \text{dB/oct.} \quad\cdots\cdots\cdots\cdots\cdots\cdots\cdots\cdots\cdots\cdots\cdots\cdots\cdots 式1\text{-}13$$

　すなわち1オクターブあたり次数$N \times 6$dBの減衰特性、たとえば$N = 2$、2次であれば12dB/oct.、$N = 3$、3次であれば18dB/oct.の減衰特性を有する。また、ゲイン特性が通過帯域、ゲイン特性がフラット/0dBな領域から-3dB低下する周波数を「カットオフ周波数 fc」で定義する。

　　カットオフ周波数fc = -3dB周波数

■**フィルターの伝達特性とQ**

　フィルター特性を伝達特性・H(s)で表現する場合もある。式1-14に2次LPFの伝達特性式を示す。

$$H(s) = \frac{H_0}{s^2 + \dfrac{\omega_0}{Q}s + \omega_0{}^2} \quad\cdots\cdots\cdots\cdots\cdots\cdots\cdots\cdots\cdots\cdots\cdots 式1\text{-}14$$

　ここで、Ho = パスバンドゲイン。ωo = 2πfc。Q = Quality Factor。

　すなわち、フィルターのカットオフ周波数近辺でのゲイン周波数特性は設計時の「Q値」により大きく変化する。**図1-20**に2次LPFのQ値設定による周波数特性を示す。

同図は「C++でVST作り」(https://vstcpp.wpblog.jp/) より引用させていただいた。同図からわかる通り、アクティブフィルター回路では設定Q値によりカットオフ周波数・fc付近でのゲイン特性が大きく異なることがわかる。一般的なオーディオ回路用のアクティブLPF回路では$Q = 1/\sqrt{2} = 0.707$ に設定（設計）しているものがほとんどである。

■**フィルターの周波数応答特性による分類**

アクティブフィルターは、その周波数応答特性による分類として次のような種類がある。

● バターワース型

通過帯域周波数特性にリップルがなく最も平坦（フラット）な特性。減衰特性は緩やかであるがオーディオ回路でも最も多く用いられている。

● ベッセル型

減衰帯域周波数特性が最も緩やかであるが、通過帯域内の信号遅延時間が一定（他の形式では周波数で変化する）である。位相応答重視のアプリケーション向き。

● チェビシェフ型

通過帯域周波数特性と減衰帯域周波数特性にリップルがあるが、減衰特性は最も急峻である。あまりオーディオ回路向きではなく、使用ケースも非常に少ない。

これらの各アクティブフィルターの代表的なフィルター周波数特性例（ここではすべてLPF）を**図1-21**に示す。

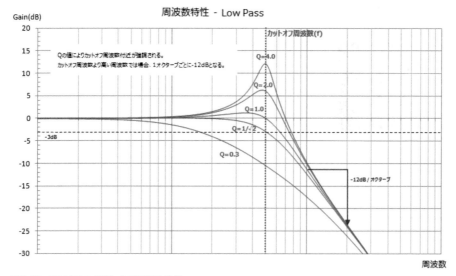

図1-20　2次LPFのQ値による周波数特性

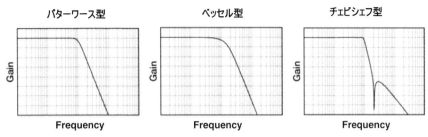

図1-21　各フィルター形式によるフィルター周波数特性例

　これら各フィルターの周波数応答特性は、当然フィルター次数、カットオフ周波数 fc に
より決定されるが、どのようなフィルターを構成/設計するかは、実アプリケーション機
器と使用回路部により異なる。周波数特性（通過帯域、阻止/減衰帯域）と同様に位相特性
による高速・応答性を重視する場合もある。この高速・応答性は、ステップ波形信号の応
答特性で確認することができる。ステップ信号の周波数と振幅レベルをパラメーターにす
ると、多くの素性を確認することができる。**図1-22**にフィルター周波数特性（バターワー
ス型、ベセル型）別の単型波応答特性例を示す。

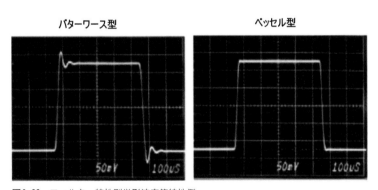

図1-22　フィルター特性別単形波応答特性例

■アクティブフィルターの回路方式による分類

　オーディオアプリケーションでは回路方式として、次の2種類のものが標準的に用いら
れている。

● MFB（Multi Feedback、多重帰還）型

　MFB 型 LPF では信号特性は逆相（反転型）となるが、ゲイン、カットオフ周波数を独
立して設計でき、使用 CR 部品の定数バラツキ（容量 C と抵抗 R）に対する感度が低いのが

特徴である。D/A変換回路におけるポストLPFとしてよく用いられている。**図1-23**に
MFB型2次LPFの回路例を示す。オペアンプICは1個であるが、複数のCRコンポーネ
ントが必要である。実アプリケーションでは信号が反転するので、さらに信号を反転させ、
正相にする回路と組み合わされるのが一般的である。

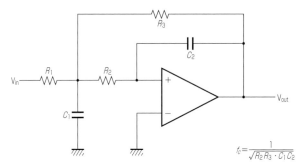

図1-23　MFB型2次LPF回路例

　同回路の伝達特性、回路Q、カットオフ周波数fcの計算はやや面倒であるが、簡略式と
しては図中にも示した通り、次式で表される。

$$\text{fc} = 1/\sqrt{(\text{R2R3} \cdot \text{C1C2})}$$ ・・・・・・・・・・・・・・・・・・・・・・・・・・・・・・・・ 式1-15

　各抵抗値Rの値と各コンデンサーCの値は計算式上では自在（たとえば、C1 = 1000pF、
C2 = 2200pFとC1 = 2200pF、C2 = 1000pFでのC1 × C2値は同じ）であるが、設計者
の経験と実績（特にオーディオ出力部では音質との兼ね合い）で決定されることが多い。
- サレンキー（Sallen-Key）型

サレンキー型2次バターワースLPFの回路例を**図1-24**に示す。同図から明らかなよう
に同LPF型での信号位相（極性）は正相であり、通過帯域ゲイン$G = 1$である。

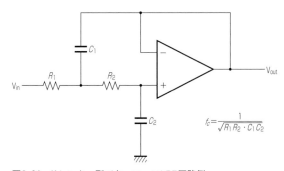

図1-24　サレンキー型バターワースLPF回路例

サレンキー型では前述の通り入出力間の信号は同相（非反転）であり、ゲインは可変できるが、基本的にはユニティゲイン（0dB）、比較的低い回路Qで用いられることが多い。また、ゲイン精度に対する要求が比較的高い場合などにも用いられる。MFB型と同様にカットオフ周波数fcの計算式はやや複雑であるが、簡略計算式は次式で示される。

$$\mathrm{fc} = 1/\sqrt{(\mathrm{R1R2} \cdot \mathrm{C1C2})}$$ ··· 式1-16

■ポストLPF回路

実際のデジタルオーディオ機器においては、D/AコンバーターIC出力部にオペアンプICを用いたポストLPFが組み合わせる。現在のオーディオ用D/AコンバーターICは、オーバーサンプリングデジタルフィルター（標準8倍オーバーサンプリング）が組み合わされており、デジタルオーディオ再生において理論的に存在するサンプリングスペクトラムをある程度低減させている。この低減度合いはデジタルフィルターの基本特性、

・阻止帯域周波数（Stopband Frequency）
・阻止帯域減衰量（Stopband Attenuation）

で決定される。この阻止帯域減衰量はICモデルにより異なり、60dB程度の低減衰量のものから120dB程度の高減衰量のものまで存在する。**図1-25**に中級レベルD/AコンバーターICの8倍オーバーサンプリングデジタルフィルター特性例を示す。

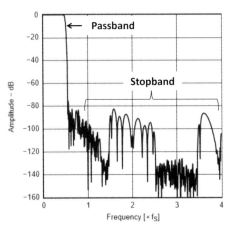

図1-25　オーバーサンプリングデジタルフィルター特性例

理論サンプリングスペクトラムはこのデジタルフィルターにより抑圧されるが、完全には除去できず、ある程度のスペクトラム成分はD/Aコンバーター出力に含まれる。ポストLPFはこの成分を除去する（オーディオ的に影響のないレベル）目的で用いられる。

　図1-26にD/AコンバーターIC出力におけるポストLPF（2次）機能の概念を示す。

　同図の通り、2〜4fs間におけるサンプリングスペクトラムは、デジタルフィルターによりある程度低減されているが、ポストLPFを組み合わせることにより、さらなる低レベルに低減され、実用上問題ないレベルにまで低減（抑圧）される。

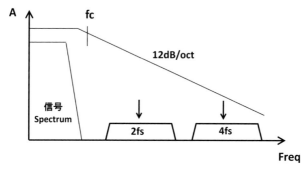

図1-26　D/A出力ポストLPF機能概念

　また、ΔΣ変調型D/AコンバーターICではΔΣ変調動作原理により、オーディオ帯域外に「帯域外ノイズ（再量子化ノイズとも呼称する）」が存在する。この帯域外ノイズはD/AコンバーターICの内部構造上、デジタルフィルター部の後段に位置するΔΣ変調部で発生するので、デジタルフィルターでは動作原理上除去できず、その除去（低減）は後段のポストLPF特性に依存することになる。この帯域外ノイズはR-2Rラダー型D/Aコンバーターでは発生要素がないので無視することができる。**図1-27**に中級グレードΔΣ変調型D/AコンバーターICのΔΣ変調特性例を示す。動作基準サンプリングレートfsはfs = 48kHz条件である。

　この例では、ΔΣ変調による帯域外ノイズは24kHz（fs = 48kHzの1/2）までフラットであり、24kHzを超えた周波数から上昇する傾向が確認できる。当モデルでは内部D/A出力部に1次LPF機能が内蔵されているので、40k〜100kHz間のノイズレベルはフラットであるが、D/AコンバーターICモデルによりノイズ傾向（ノイズレベル、ノイズ周波数特性）は大きく異なる。各社D/AコンバーターICのデータシートにおいて、このΔΣ変調器ノイズスペクトラムが標準的特性として開示されているモデルと開示されていないモデルがあるので、開示されていない場合は実測で確認するしかない。

　最近流行のハイレゾ再生において、基準サンプリングレートfsがfs = 96kHz、fs = 192kHzと高くなると、ΔΣ変調ノイズの分布周波数もそのまま2倍、4倍となる。たとえば、**図1-27**でのノイズが上昇し始める周波数24kHzは、48kHz/fs = 96kHz、96kHz/fs =

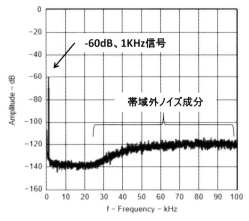

図1-27 ΔΣ変調器ノイズスペクトラム例

192kHzにそれぞれ上昇する。これはハイレゾ再生における大きなメリットであるが、これについて解説しているものは見かけられないのは残念である。

■ポストLPF回路例

ここでは実際のデジタルオーディオ再生機でのポストLPF回路例を2例示す。**図1-28**は差動電圧出力型D/Aコンバーターの出力回路で、2次MFB型LPFと差動-シングル変換の両機能を1個のオペアンプで実現している。

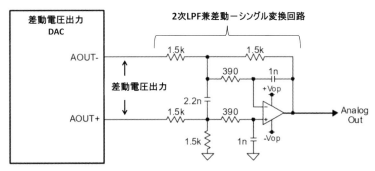

図1-28 ポストLPF回路例―1

図1-29に同様に差動電圧出力D/AコンバーターICの出力回路例を示す。差動出力個々（AOUTL＋とAOUTL－）に対応する2次LPF（2回路）と差動-シングル変換＋1次LPF回路で構成されている。

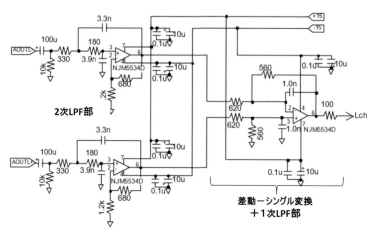

図1-29　ポスト LPF 回路例―2

　ここで用いられるオペアンプ IC モデルはオーディオ用であることは当然であるが、アプリケーション機器が中～高級モデルであれば相応の低 THD ＋ *N* 特性、低ノイズ特性、広帯域特性、高過渡応答特性などが求められる。

コラム―1

　図1-29に示したLPF回路例―2の実際の実装写真を示す。これは旭化成エレクトロニクスの高性能D/AコンバーターICデバイスの評価ボードで、D/Aコンバーター差動出力以降のポストLPF回路部のものである。ステレオ2ch対応であるため、**図1-29**の1ch分示した回路が2回路実装されている（1chあたりオペアンプIC ×3個）。この評価ボードではアナログ出力部にオペアンプICが合計6個用いられていることからわかるように、オペアンプICは重要な電子デバイスでもあり、ここで用いられているオペアンプICモデルも相応に特性が検討されて最終的なモデルが選択されている。

　また、フィルター回路の各コンデンサーには音響用の高音質フィルムコンデンサーが用いられているのが見て取れる（回路図では定数のみ表示）。

　各部品レイアウトは整然としている。DAC出力から2次LPF、差動アンプ、出力端子までの信号ストリームが明確である。これは実オーディオ機器と異なり、評価ボード（EVM）では実装スペースに余裕があるためでもある。

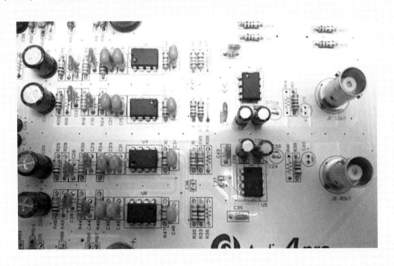

1-2　オーディオ用オペアンプICのスペック

　オーディ用オペアンプICのスペックは、特にオーディオ用ではない汎用オペアンプIC
や高精度オペアンプICの標準的なスペックに、オーディオ特性スペックが追加されたも
のがほとんどである。オペアンプICのスペック規定はオフセット電圧、バイアス電流、
といったスタティック（静）特性と帯域幅特性、スルーレート、セトリングタイムといっ
たダイナミック特性、これにオーディオ用途ではTHD＋N特性が追加される。また、オ
ーディオ用途に限らず、ノイズ（雑音）特性（入力換算ノイズ）はすべてのアプリケーショ
ンにおいて総合精度（性能）に大きく影響する。オーディオアプリケーションでは実装機
器のS/N特性とダイナミックレンジ特性に大きく影響するので、重要な特性スペックとな
る。

1-2-1　特性スペックの概要

　本項で解説するオペアンプICの各スペックの項目について以下に示す。
・絶対最大定格：デバイスが破損しないための各種条件
・ノイズ特性：入力換算ノイズ（対信号ソース抵抗）雑音スペクトラム密度
　　　　　　　　入力換算ノイズ特定帯域幅実効値
・帯域幅特性：オープン（開）ループゲイン/ゲイン帯域幅積
　　　　　　　　オープンループゲイン/位相対周波数特性
　　　　　　　　フルパワー信号低域幅
・THD＋N特性：THD＋N対信号ゲイン特性
　　　　　　　　　THD＋N対信号レベル特性
　　　　　　　　　THD＋N対信号周波数特性
　　　　　　　　　THD＋NN対負荷抵抗（インピーダンス）特性
・スルーレート：単位時間あたりの最大信号レベル遷移量
・セトリングタイム：短形波応答における規定レベル内への集束時間
・PSRR特性：Power Supply Rejection Ratio、電源電圧変動に対する除去比
・入力特性：差動入力インピーダンス、同相入力インピーダンス
・出力特性：最大出力信号レベル特性
　フルパワー出力レベル特性
　出力インピーダンス特性
　許容負荷容量
・電源条件：規定動作電圧範囲

　　　　動作電源条件での電源電流

　　　　最大消費電力

・温度条件：使用温度範囲。特性保証温度範囲。

・パッケージ：パッケージサイズ。ピン配置。熱抵抗。

　これらの各特性スペックの詳細は本章で逐次解説する。また、各社のオペアンプの特性スペック規定では、標準値（Typical）はすべて規定されているが、ワースト（MIN/MAX）値に関しては記載されているものといないものが混在している。また、各スペックは固定条件（たとえば、周囲温度＝＋25℃、電源電圧＝±15V など）でスペック表に記載されているが、スペック表に規定されていなり特性、たとえば対信号レベル、対電源電圧などの条件パラメーターでの特性変化を「代表的性能曲線（Typical Performance Curve）」グラフで示しているものもある。

1-2-2　絶対最大定格

　絶対対最大定格（Absolute Maximum Ratings）は、デバイスが破損しないための各種条件を規定している。"破損しない"条件は特性スペックを維持する条件とは大きく異なり、デバイスはいかなる状態でも、この絶対最大定格を超えての使用はしてはならないことを定義している。この絶対最大定格での規定項目は製造企業とオペアンプ IC モデルによって規定項目が若干異なるが、電源電圧や温度条件に関するものは必ず規定されている。

　図1-30 に国内メーカー製品での絶対最大定格例を、図1-31 に米国メーカー製品での絶対最大定格例をそれぞれ示す。

■絶対最大定格 (Ta=25℃)

項　　　目	記　号	条　　　件	単　位
電　源　電　圧	V⁺/V⁻	±18	V
同相入力電圧範囲	V$_{ICM}$	±15(注1)	V
差動入力電圧範囲	V$_{ID}$	±30	V
消　費　電　力	P$_D$	910	mW
負　荷　電　流	Io	±25	mA
動　作　温　度　範　囲	Topr	-40 to +85	℃
保　存　温　度　範　囲	Tstg	-50 to +150	℃

（注 1)電源電圧が±15V 以下の場合は、電源電圧と等しくなります。

図1-30　国内メーカー製品・絶対最大定格規定例

ABSOLUTE MAXIMUM RATINGS(1)

Supply Voltage, V+ to V–	36V
Input Voltage	(V–) –0.7V to (V+) +0.7V
Output Short-Circuit(2)	Continuous
Operating Temperature	–40°C to +125°C
Storage Temperature	–55°C to +125°C
Junction Temperature	150°C
Lead Temperature (soldering, 10s)	300°C

NOTES: (1) Stresses above these ratings may cause permanent damage.
(2) Short-circuit to ground, one amplifier per package.

図1-31 米国メーカー製品・絶対最大定格規定例

　電源電圧（Supply Voltage）は国内製品の場合は±18Vで規定、米国製品の場合は36Vで規定している。絶対値はどちらも同じであるが、米国製品の場合は、たとえば+30V、−6Vといった正負アンバランスな条件でも絶対値が36Vを超えなければよいと規定していることになる。一方、国内製品は正負±電圧は必ず18V以下でなければならない。入力電圧範囲については、国内製品では差動入力、同相入力の条件で規定しているが、米国製品の場合は差動/同相の条件はない。いずれの場合も電源電圧よりは大きな値が規定されているのが特徴である。また、国内製品では消費電力が規定されているが、米国製品では規定されていないモデルが多い。

　消費電力に関連して、国内製品では負荷電流（±25mA）が規定されているが、米国製品では規定されていない。これは負荷に対するプロテクト機能の違いによるものであり、米国製品では負荷がGND短絡条件でも破損しないことを保証している。

　動作温度（Operating Temperature）と保存温度（Storage Temperature）は、どちらのモデルでも規定されている。動作温度は国内製品が−40℃〜+85℃であるのに対して、米国製品の例では−40℃〜+125℃と高温側が高く規定されている。逆に保存温度の高温側では米国製品が+125℃に対して国内製品が+150℃と高くなっている。このあたりの条件は、実際にはほとんどあり得ない環境条件であり、製品選択の指針とはならないと言える。米国製品ではジャンクション温度（Junction Temperature）とハンダ付け条件（Lead Temperature）が規定されているが、ハンダ付け条件に関しては、絶対最大定格以外の項目で規定しているものが多い。いずれにしても絶対最大定格を超えての設計はあり得ないし、実アプリケーション実装でも絶対最大定格を超えることはほとんどないと言える。

1-2-3　ノイズ特性
■ダイナミックレンジ特性とS/N
　オペアンプICのノイズ特性はオーディオアプリケーションでは非常に重要な特性である。特にハイレゾオーディオの登場により、24ビット量子化分解能フォーマットでの対

応を検証するとその重要性を知ることができる。量子化分解能M（ビット）における理論ダイナミックレンジ（DR）は次式で決定される。

$$DR = 6.02 \times M + 1.76 \cdots\cdots\cdots\cdots\cdots\cdots\cdots\cdots\cdots\cdots\cdots 式1\text{-}17$$

上式をCDDAの16ビット分解能、ハイレゾの24ビット分解能における理論ダイナミックレンジを求めると、次のようになる。

$$DR(16ビット) = 6.02 \times 16 + 1.76 = 98.1(dB) \cdots\cdots\cdots\cdots 式1\text{-}18$$
$$DR(20ビット) = 6.02 \times 20 + 1.78 = 122.2(dB) \cdots\cdots\cdots 式1\text{-}19$$
$$DR(24ビット) = 6.02 \times 24 + 1.76 = 146.2(dB) \cdots\cdots\cdots 式1\text{-}20$$

従って、実オーディオ機器でのアナログ回路（主にオーディオ出力回路）のノイズ特性は「理論ダイナミックレンジ特性に相応するノイズ特性である必要がある。」ことになる。ただし、現状は140dBなどの理論値は実現不可能で、120dB程度が実機における性能限界となっている。この性能限界はほとんどD/AコンバーターICデバイスとアナログ回路（オペアンプIC）のノイズ特性で決定されている。また、120dBを超えるS/N特性を得るには、オペアンプIC本体のノイズ特性に加えて、回路に使用する抵抗のサーマルノイズ（熱雑音）も影響してくる。抵抗の熱雑音は次式で求めることができる。

$$N = \sqrt{(4KTBR)} \cdots\cdots\cdots\cdots\cdots\cdots\cdots\cdots\cdots\cdots\cdots\cdots 式1\text{-}21$$
K：ボルツマン定数。T：絶対温度。B：帯域幅(Hz)。R：抵抗値(Ω)。

式2-5を簡略化すると、常温$T = 20℃$条件下でのサーマルノイズNsの実効値は次式で求めることができる。

$$Ns = 0.13 \times \sqrt{\{R(k\Omega) \cdot B(kHz)\}}(\mu Vrms) \cdots\cdots\cdots\cdots\cdots 式1\text{-}22$$

たとえば、1kΩの抵抗1本の20kHz帯域による抵抗ノイズは上式から$0.58\mu Vrms$となり、2Vrmsの信号に対するS/Nは131dBとなる。すなわち、抵抗1本でも130dBを超えるS/N特性を超えるのは困難である。

■オペアンプのノイズ特性スペック

オペアンプICのノイズ特性スペック例を次に示す。**図1-32**は国内製品、低ノイズオペアンプICの例で、**図1-33**は米国製品、オーディオ用オペアンプICの例である。**図1-32**の国内製品の場合は、入力換算雑音電圧/電流を雑音スペクトラム密度で規定している。**図1-33**の米国製品の場合、入力換算雑音電圧/電流の雑音スペクトラム密度に加えて、特性帯域幅における雑音電圧の実効値を規定している。

項　　目	記号	条　　件	最　小	標　準	最　大	単　位
入 力 換 算 雑 音 電 圧	e_n	f_0=30Hz	–	8	–	nV/√Hz
〃	e_n	f_0=1kHz	–	5	–	nV/√Hz
入 力 換 算 雑 音 電 流	i_n	f_0=30Hz	–	2.7	–	pA/√Hz
〃	i_n	f_0=1kHz	–	0.7	–	pA/√Hz

図1-32　ノイズ特性スペック規定例—1

PARAMETER	CONDITION	OPA134PA, UA OPA2134PA, UA OPA4134PA, UA			UNITS
		MIN	TYP	MAX	
NOISE Input Voltage Noise					
Noise Voltage, f = 20Hz to 20kHz			1.2		µVrms
Noise Density, f = 1kHz			8		nV/√Hz
Current Noise Density, f = 1kHz			3		fA/√Hz

図1-33　ノイズ特性スペック規定例—2

　ノイズ特性は雑音電圧と雑音電流で規定されているが、雑音電流は非常に小さく影響度が小さいので実アプリケーションでは雑音電圧のみに着目してかまわない。雑音電圧は入力換算雑音スペクトラム密度で規定されている（単位；nV/√Hz）が、これは単位周波数あたりのノイズ量を規定している。実効値（Nrms）への換算は帯域幅をBW（Hz）とすれば、次式で求めることができる。

$$N\text{rms} = \text{nV} \cdot \sqrt{\text{BW}} \quad \cdots\cdots\cdots\cdots\cdots\cdots\cdots\cdots\cdots\cdots\cdots\cdots\cdots\cdots\cdots\cdots\cdots\cdots \text{式1-23}$$

　たとえば**図1-32**における入力換算雑音電圧、5nV/√Hz の特性規定を標準的なオーディオ帯域BW = 20kHz として、雑音実効値を計算すると下式で求められる。

$$N\text{rms} = 5\text{nv} \cdot \sqrt{20\text{kHz}} = 707\text{nV(rms)} \quad \cdots\cdots\cdots\cdots\cdots\cdots\cdots\cdots\cdots\cdots\cdots\cdots \text{式1-24}$$

　一方、**図1-33**のオペアンプICモデルの場合は20Hz〜20kHz帯域幅での実効が1.2μV（rms）で規定されているので、実アプリケーションにおける信号帯域が20kHzの場合はそのまま用いることができる。信号帯域が40kHzなどのように広帯域になる場合は、雑音スペクトラム密度から計算しなければならない。

　図1-34にFET入力型オペアンプICにおける雑音スペクトラム密度特性のグラフ例を示す。同図においては、左側縦スケールが雑音電圧スペクトラム密度、右側縦スケールが雑音電流スペクトラム密度で、横軸は周波数である。グラフから明らかなように、雑音電流は雑音電圧に比べて非常に小さいことがわかる。

　また、同グラフ特性より、雑音電圧は周波数が低くなると上昇する傾向が見られる。これらの雑音特性は大別すると次のようになる。

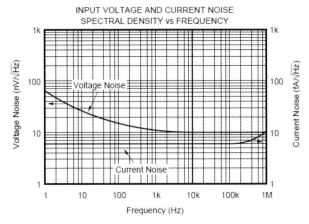

図1-34　雑音スペクトラム密度特性グラフ例

・1/f雑音：主に100Hz帯域より低い領域で1ディケードあたり10dBの変化を有する。
・ショット雑音：主に100Hz〜1kHz以上の帯域で周波数に対してフラットな特性。

　これらのノイズ特性はノイズ解析には有効であり、正確なノイズ計算には重要な特性となるが、オーディオ用途では信号帯域幅における雑音実効値の方が設計指標に用いられていることが多い。この雑音特性はオペアンプICモデル（FET入力、バイポーラー入力ともに）により大きな差異があり、オーディオ用オペアンプICの中でも超低ノイズ特性を特徴としている製品がある。

　オペアンプ回路でのノイズ特性解析には、入力信号源のインピーダンス（ソース抵抗）も影響する。**図1-35**にオペアンプICでのソース抵抗を加味した雑音特性グラフを示す。

　図1-35においてはソース抵抗（Rs）単体で発生する熱雑音（$4KTRs$）とオペアンプの入力換算雑音との総合ノイズ特性を示している。横軸スケールはソース抵抗Rsで、抵抗値が高くなるほどノイズが上昇することを示している。逆に言うと、実アプリケーションにおいて低ノイズ特性を実現させるには、オペアンプICモデルの選択も重要であるが、ソース抵抗Rsをいかに小さくするかが設計ポイントとなることを示している。

　今まで解説したオペアンプICのノイズ特性は全て「入力換算」条件でのものであることを確認いただきたい。実アプリケーション回路では回路ゲインGaを有していれば実際の出力ノイズ$Nout$は次のようになる。

$$Nout = 入力換算雑音 \times 回路（ノイズ）ゲイン Ga \quad \cdots\cdots\cdots\cdots\cdots\cdots 式1\text{-}25$$

　このノイズゲインGaは非反転増幅型では回路ゲインと同じ、反転増幅型では（回路ゲ

33

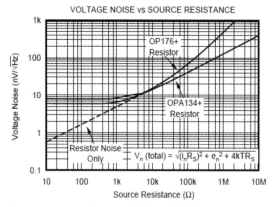

図1-35　オペアンプのソース抵抗ノイズ特性例

イン＋1）となる。

　デジタルオーディオ機器においては、D/Aコンバーターの出力回路でのオペアンプIC は低ゲインで用いられることが多いのでゲイン影響度は低いが、オーディオ出力回路が複雑になれば各ノイズは加算されるので実機器の総合ノイズ特性に影響することは避けられない。また、マイクアンプ、フォノイコライザーアンプなどの高ゲインを必要とするアプリケーション機器においては、オペアンプICのノイズ特性は最大の検証すべきスペックとなる。

　CDプレーヤーなどのコンシューマオーディオ機器における標準的なフルスケール信号 レベル2Vrmsを基準とした場合、この基準レベルに対するS/N（dB）と総合ノイズNとの 関係を次に示す。

・90dB・S/N＝63.2μV・rms

・100dB・S/N＝20μV・rms

・110dB・S/N＝6.32μV・rms

・120dB・S/N＝2μV・rms

・130dB・S/N＝0.632μV・rms

・140dB・S/N＝0.2μV・rms

　ここで示した通り、入力換算ノイズ1〜2μV特性を有する低ノイズオペアンプ単体でも、S/Nは120dB程度が性能限界であり、実アプリケーション機器で120dB以上の性能を実現するにはオペアンプICモデルの選択とともに、高度回路設計、実装技術を要する。

　コンシューマオーディオでは電子情報技術産業協会（JEITA）の規格においてS/N測定 （ダイナミックレンジ特性を含む）において「聴感補正フィルター」の使用が規定されてい

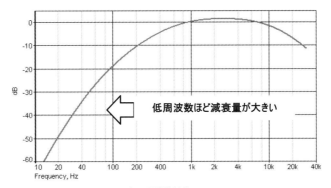

図1-36 A-Weighted フィルター周波数特性

る。これはIHF-Aフィルター、A-Weightedフィルターと呼称されているバンドパス特性のフィルターで、**図1-36**にそのフィルター周波数特性を示す。低域側では周波数100Hzにおいて約−20dB、高域側では周波数20kHzにおいて約−6dBの減衰特性を有する。これは人間の聴感度は高域と低域にて劣化することをものに決められたもので、コンシューマオーディオ機器でのS/N規定スペックは全てこのA-Weightedフィルターを用いて測定した数値が用いられている。実製品でのスペック規定ではこの条件が付記されていることが多い。本項で示したS/N計算例、たとえば、120dBでのノイズ2μVはA-Weightedフィルターなしの条件であるので、上表のノイズレベルはA-Weightedフィルター使用条件では若干良くなり、経験値であるが、S/Nは2dB前後良い値となる（たとえばフラット特性で120dBあれば、A-Weightedフィルター使用で122dBなど）。なお、スタジオ用途や業務用用途などのプロオーディオ/放送用機器では、聴感補正フィルター条件でのS/Nスペック規定はされていない場合が多い。

1-2-4　帯域幅特性

オペアンプICのゲイン周波数（帯域幅）特性は、次に掲げる2つの特性で規定されることが標準的である。

● ゲインバンド幅積（Gain Bandwidth Product）

オペアンプICの開ループゲイン特性において、開ループゲイン（利得）Aが0dBとなる周波数foとの積で定義している。すなわち、$A = 1$、fc = 20MHzであれば、ゲインバンド幅積・GBWは次式で求められる。

$$GBW = A \times fc = 1 \times 20 = 20MHz \cdots\cdots\cdots\cdots\cdots\cdots 式1\text{-}26$$

通常は開ループゲインAが1となる（ゲイン＝0dB）周波数がデータシートスペックで規定されるのがほとんどである。

- フルパワー帯域幅（Full-Power Bandwidth）

ゲインバンド幅積は出力可能な信号レベルに対して規定していないが、フルパワー帯域幅は、規定信号出力（たとえば±10V振幅出力）などが可能な帯域幅（周波数）で定義されている。**図1-37**にオーディオ用高性能オペアンプICの周波数特性規定スペック例（抜粋）を示す。同図においては、ゲインバンド幅積が（Typ：8MHz）、フルパワー帯域幅が（Typ：1.3MHz）でそれぞれ規定されている。

PARAMETER	CONDITION	OPA134PA, UA OPA2134PA, UA OPA4134PA, UA			UNITS
		MIN	TYP	MAX	
FREQUENCY RESPONSE Gain-Bandwidth Product Slew Rate[2] Full Power Bandwidth	±15		8 ±20 1.3		MHz V/μs MHz

図1-37　周波数特性スペック（抜粋）例

図1-38に同一オペアンプICの開ループゲイン周波数特性グラフを示す。

同図においてはGain（利得）とPhase（位相）の周波数特性が示されている。

Gainは1Hz付近では125dBの高ゲインを有しており、10Hz付近から6dB/octの減衰特性でゲインが低下することを示している。ゲインが0dBとなるユニティゲイン周波数は約8MHzとなっている。これは**図1-37**のスペック抜粋で規定されているスペック、8MHz（Typ）と一致している。一方、位相は100Hz～100kHzの間は−90°付近で安定している。位相はオペアンプICが発振しない安定性を見る指標となるものである。信号が規定ゲイ

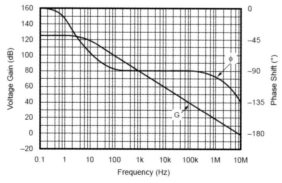

図1-38　開ループ特性グラフ例―1

ン時において、同相0°（完全に発振）と逆相180°（最も安定）の間でどの程度余裕があるかをグラフ上で確認するのに用いられる。

　このオペアンプICの開ループゲイン/位相特性グラフは各社オペアンプICのデータシートに必ず記載（規定）されている。そしてオペアンプICモデルによってその特性は千差万別であり、使用目的/アプリケーションからその適正を判断する知識と経験が必要となる。筆者の経験と最近のハイレゾ再生対応を考慮すると、中〜高級オーディオ製品用途では10MHz以上のゲインバンド幅積を推奨したい。

　図1-39に別のタイプのオペアンプICモデルの開ループ特性グラフ例を示す。図1-39で示したオペアンプICモデルの場合は、位相特性は低域周波数帯で100度となっており、ゲイン＝1のバッファー回路条件でも発振せず動作することを意味している。ゲインバンド幅積自体は比較的小さい（約1MHz）が、比較的低ゲイン（20dB以下）で、ハイレゾ再生のような広帯域特性を必要としないアプリケーションでは十分と言える。なお、オペアンプICモデルによっては、位相特性の補正用に位相補償用コンデンサー（発振防止）を接続する端子が用意されているものがある。

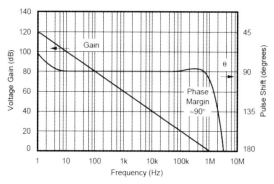

図1-39　開ループグラフ特性例―2

　図1-40に低THD特性FET入力オペアンプICモデルの最大信号出力振幅対信号周波数特性グラフを示す。電源電圧条件は±15Vで、24Vppの最大振幅で信号周波数＝400kHzまでフルスイング信号を出力できることを意味している。ここではフルスイング信号振幅電圧であって、負荷を駆動する電力条件ではないことが重要である。負荷条件が変われば最大振幅レベル、最大振幅周波数共に低下すると思われる。

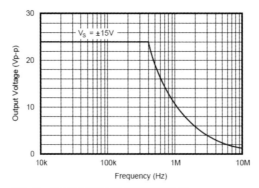

図1-40　最大出力電圧振幅対周波数特性例

1-2-5　THD＋*N*特性

■THD＋*N*特性の概要

　THD＋*N*（Total Harmonic Distortion＋Noise）特性は「オーディオ用オペアンプIC」では必ず規定されている特性（日本語表記では全高調波歪み＋雑音）である。オペアンプICに限らず、CDプレーヤー、AVアンプ、ハイレゾ再生機器などのコンシューマ製品、ミクサーアンプ、マイクアンプ、スタジオ用録音/編集機器、A/D・D/Aコンバーターデバイスなどのオーディオアプリケーションでは非常に重要な特性である。

　THD＋*N*特性は、基準信号レベルをAとすれは次式で定義される。

$$\text{THD}＋N＝(\text{THD}＋N)/\text{A}　(\%) \cdots\cdots\cdots\cdots\cdots\cdots\cdots\cdots\cdots 式1\text{-}27$$
$$\text{THD}＋N＝20\text{Log}|(\text{THD}＋N)/\text{A}|　(\text{dB}) \cdots\cdots\cdots\cdots\cdots\cdots 式1\text{-}28$$

　THD＋*N*特性においては、THD（全高調波歪み）と*N*（雑音）は発生原因が異なるものであることを理解しておくことが重要である。THDは信号回路における非線形伝達特性（Non-Linearity）によって発生する2次、3次、4次……などの高調波成分の総合であり、雑音*N*は回路部品（オペアンプICやA/D・D/Aコンバーターデバイス）で発生するショットノイズや熱雑音の総合である。

　図1-41にTHD＋*N*特性の概念（FFT特性）を示す。同図においては、1kHz、0dBのフルスケールテスト信号（サイン波）に対して、2kHz、3kHz……と非直線性によって発生した「高調波成分（THD）」とグラフ底面の「ノイズ・*N*成分」をそれぞれ確認することができる。これらが総合されてTHD＋*N*値となる。ここで、FFT測定でのノイズレベルは単位周波数あたりの雑音スペクトラム密度($\text{nV}/\sqrt{\text{Hz}}$)で表示されているので、実効値(rms)

ではない。すなわち、グラフ上の−140dBr付近のノイズフロアは実効値ではないので、実効値には帯域幅を算入した換算が必要となる。

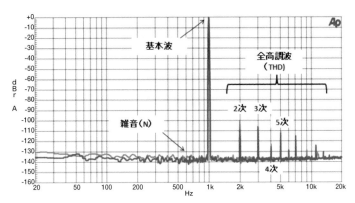

図1-41　THD＋N特性（FFT測定）の概念

　図1-41のTHD＋N特性（FFT特性）はTHDとNの発生状態を個々に確認できるが、スペック規定などでのTHD＋N特性規定には適していない。すなわち、THD＋N特性値は特定条件（信号レベル、信号周波数）での「dB単位」または「％単位」で測定、スペック規定されているのが一般的であるからである。従って、THD＋N特性の測定には相応の性能を有するアナログ信号源とTHD＋N測定器が必要である。オーディオ/デジタルオーディオ分野で、ある程度の高精度レベルでTHD＋N特性を測定するのに標準的に用いられている測定機は、かなり限定されている。

■THD＋N測定器

　前述の通り、THD＋N測定には専用のTHD＋N測定器が必要である。THD＋N特性の測定ブロックダイアグラムを図1-42に示す。

図1-42　THD＋N測定ブロック図

　D.U.Tは被測定デバイス（オペアンプIC回路）であり、入力はテスト信号（信号レベル＝0dB/フルスケール、信号周波数＝1kHz）、出力信号はTHD＋N測定器に入力され測定される。デジタルオーディオでは20kHzの帯域制限測定用LPFが追加される。図1-43にシバソク社のディストーション・アナライザー725Dの外観図を示す。

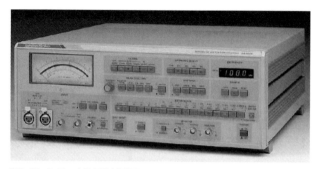

図1-43　シバソク社725外観図

　シバソク社THDアナライザー725Dは信号ソースを内蔵していないので、信号測定には別途信号ソースが必要となる。当THD＋Nアナライザー・725Dの特徴は全アナログ処理で、測定値はメーターで読み取らなければならない。THD測定機能においては2次、3次などの各高調波成分（選択した次数の高調波/THD成分のみ、雑音Nも除く）を機能選択により単独で測定できることができるのが特徴となっている。測定用のフィルターは標準装備されているが、オプションで特定用途のフィルターを組み込むこともできる。何よりも操作が簡単なので非常に使いやすい測定器である。

　図1-44にAudio Precision社の総合オーディオアナライザーAP2700における測定ブロック図を示す。AP2700ファミリーではアナログ信号/デジタル信号両方の信号ソースと測定機能を有している。AP2700の動作にはPCが必要で、専用ソフトウエアをインスト

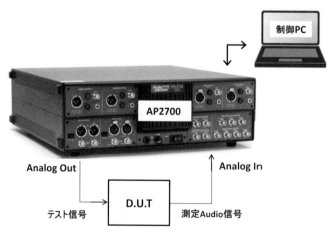

図1-44　AP2700による測定ブロック

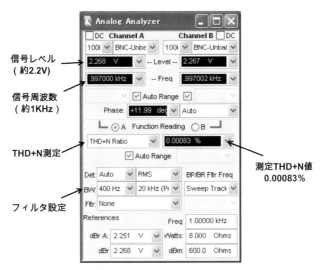

信号レベル
（約2.2V）

信号周波数
（約1KHz）

THD＋N測定

測定THD＋N値
0.00083％

フィルタ設定

図1-45　THD＋N特性測定結果表示画面例

ール、制御/通信インターフェースして操作する。

　同図において、D.U.T（オペアンプIC回路など）は被測定デバイスであり、AP2700からはアナログテスト信号が出力され、D.U.Tに入力、D.U.Tの出力信号はAP2700に入力される。測定モードは非常に多彩で、信号レベル/周波数、THD＋N特性、FFT測定などが可能である。基本的なTHD＋N特性としては

・THD＋N対信号レベル特性

・THD＋N対信号周波数特性

　などを設定条件でSweep測定することができる。尚前述のとおり、AP2700の動作制御は専用ソフトウエアがインストールされたPCを介して実行され、測定条件の設定、測定結果などは全てPC画面上で表示される。また、**図1-41**で示したFFT測定も可能である。

　図1-45にAP2700におけるTHD＋N特性測定画面例を示す。同図は測定ウィンドウをキャプチャーしたもので、左側は信号レベル（2.268Vrms）、信号周波数（997Hz）、測定項目（THD＋N）、フィルター条件（400Hz・HPF、20kHz・LPF）などが表示されている。

　同図において測定されたTHD＋N値は右側に0.00083（％）と表示されている。測定信号条件（信号レベル、信号周波数）などは別ウィンドウで設定される。

　AP2700シリーズは最新型がリリースされており、第2章の実測定では、後継モデルAPX525を用いている。

■THD＋N特性例

ここではオペアンプICのTHD＋N特性例の代表的なものを2例示す。

● THD＋N対信号周波数特性

図1-46にオーディオ用低THD特性オペアンプICのTHD＋N対信号周波数特性グラフを示す（AP2700ファミリーで測定されたと思われる）。

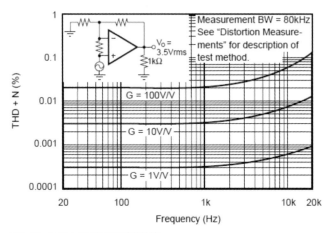

図1-46　THD＋N対信号周波数特性

　同図のケースではG＝1、G＝10、G＝100の各ゲイン条件で20Hz～20kHz帯域での測定結果をグラフ表示している。測定帯域（内蔵LPFの設定）は80kHzなので、最大信号周波数20kHzでの4次高調波（80kHz）までのTHD成分が測定されている。回路ゲインが高い（大きい）ほど、また信号周波数が高くなるほどTHD＋N特性は悪化する傾向があることがわかる。これはグラフ内に記述されている通り、出力信号・Vo＝3.5Vrmsとしているため、ゲイン条件に応じて入力信号が小さくなることによる、当然THD＋N特性であるので、ノイズNの成分も影響していると推測される。

● THD＋N対信号レベル特性

　図1-47に同様にオーディオ用オペアンプICのTHD＋N対信号レベル特性グラフを示す。
　同図においては、テスト信号周波数＝1kHz、測定帯域は同様に80kHzとなっている。信号レベルと回路ゲインの記述はないが、**図1-46**のグラフをから推測してG＝1、Vo＝3.5Vrms条件と推測される。当該オペアンプICの場合、同図より主力信号レベル1～10Vの間のTHD＋N特性は0.001%未満であり、信号レベル＝5～6Vp-p付近が最良ポイントとなっているが、これはCDプレーヤーなどの標準信号出力レベル2Vrms（≒5.66Vp-p）

と一致していることに興味をもてる。

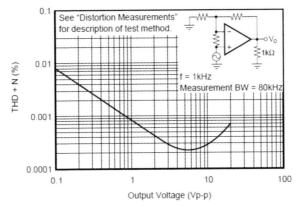

図1-47　THD＋N対信号レベル特性例

■デジタルオーディオにおけるTHD＋N特性

　本章ではオペアンプICでのTHD＋N特性について解説しているが、デジタルオーディオにおける量子化ノイズNqの影響についても触れさせていただく。デジタルオーディオにおいては量子化分解能に応じた理論量子化ノイズNqも加算されることになる。この量子化ノイズ・Nqのレベルは次のようになる。

・16ビット分解能：−98dB
・24ビット分解能：−146dB

この量子化ノイズによりTHD＋N測定は正確には次式で示されることになる。

$$THD + N = （回路のTHD + N）+（量子化ノイズNq） \quad\cdots\cdots\cdots\cdots\cdots\cdots 式1\text{-}29$$

　従って、CDDA（16ビット量子化）ではTHD＋N特性の＋N成分によりTHD＋N特性が制限されることになる。特に高性能D/Aコンバーターと高性能（低ノイズ）オペアンプICとの組み合わせでは、「回路要素によるTHD＋N値は16ビット量子化ノイズNqより小さく、THD＋N測定値は量子化ノイズNqで制限されることになる」。実際に高性能CD再生プレーヤーでもTHD＋Nスペック値は、THD＋N＝0.0012〜0.0015％が規定されている。前述のとおり、THD＋N特性はTHD（全高調波）とN（雑音）成分の総合であり、定量的には**図1-41**に示したFFT解析で確認することができる。聴感的には0.1％未満の歪みは感知できない。また、サイン波テストで1％程度に歪みは聴感で感知できると言われているが、個人差は存在することになる。一方、サイン波によるTHD＋N特性テストで歪みとノイズを視覚的に確認できる方法もある。

　図1-48に前述のオーディオアナライザー・AP2700によるTHD＋N特性テストにおける波形モニター(信号のオシロスコープによる観測)例を示す。同図においては信号波形(サイン波)とTHD＋N成分(歪みTHD＋雑音N)の波形が表示されている。THD＋N成分は視覚的に2次/3次の高調波歪み成分と高調波に重乗されているノイズN(雑音)成分として確認することができる。

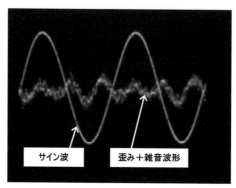

図1-48　THD＋N特性測定波形モニター例

1-2-6　スルーレートとセトリングタイム

　スルーレート(Slew Rate)の定義は単位時間あたりの最大信号遷移(変化量)で、急峻な入力信号への追従特性として確認することができ、単位時間あたりの最大信号振幅遷移で規定されている。一方、セトリングタイム(Settling Time)は遷移信号が規定の誤差内に安定集束するまでの時間で規定されている。スルーレート特性とセトリングタイム・ts特性の概念を**図1-49**に示す。同図において規定時間Δt(標準的には$1\mu sec$)対しての最大信号振幅遷移はΔVで、スルーレート・SRは次式で定義される。

$$SR = \Delta V/\Delta t\ (1\mu V)\ \cdots\cdots\ \text{式1-30}$$

　同様に、セトリングタイムは信号が規定の振幅誤差ε内に集束するまでの時間tsで定義される。振幅誤差εは高速オペアンプでの例では0.1%誤差内、0.01%誤差内の条件で規定されている。たとえば、低THD

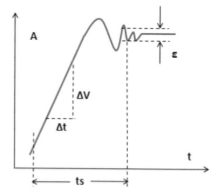

図1-49　スルーレート特性とセトリングタイム特性の概念

特性オーディオ用オペアンプ IC モデルではデータシート上で次のようにスペック規定されている。当然、これらの値はオペアンプ IC の回路ゲイン条件により異なる特性となる。

・スルーレート・SR = 25V/μs (Typ)/20Vpp

・セトリングタイム・ts = 1μ+s (Typ)/0.1%。1.5μs (Typ)/0.01%

　デジタルオーディオ・アプリケーションにおいては、最近のハイレゾ再生対応での高サンプリングレート・fs に対応する応答性能が要求される。高サンプリングレート・fs 条件、fs = 96kHz/192kHz でのデータレート・td は次のようになる。

$$td(fs = 96kHz) = 1/96kHz = 10.42\mu sec$$

$$td(fs = 192kHz) = 1/192kHz = 5.21\mu sec$$

　従って、高スルーレート、高速セトリングタイムは再生信号の過渡応答特性として非常に重要なファクターとなる。実際に刻々変化する音楽再生に対する追従性は音質への影響も少なくないと言える。

1-2-7　PSRR 特性

　PSRR（Power Supply Rejection Ratio）特性は日本語表記では電源電圧除去比である。オペアンプ IC の出力信号が電源電圧の変化でどの程度変動するかを表す特性規定であり次式で定義される（Vo：出力変動分、ΔV ±：電源電圧変動分）。

$$PSRR + = 20Log\ Vo/\Delta V + \cdots\cdots\cdots\cdots\cdots\cdots\cdots\cdots\cdots\cdots 式1\text{-}31$$

$$PSRR - = 20Log\ Vo/\Delta V - \cdots\cdots\cdots\cdots\cdots\cdots\cdots\cdots\cdots\cdots 式1\text{-}32$$

　PSRR 特性は上式の通り、標準的なオペアンプ IC の動作電源がバイポーラー電源（±電源）であるので、＋電源側と－電源側の両方で規定される。また、オペアンプ IC の内部動作回路（ゲイン帯域幅周波数特性が－6dB/oct で低下する）と構造から電源電圧変動分の周波数が高くなるほど劣化する傾向にある。

　図1-50 に高性能オペアンプ IC の PSRR 特性例を示す。

　図1-50 のグラフ例では＋側 PSRR と－側 PSRR で大きな差異はないが、オペアンプ IC モデルによっては PSRR ＋と PSRR －とで大きく特性が異なるものもある。実際のアプリケーションにおいては PSRR 特性をそれほど気にする必要はない。その理由はオーディオ製品では電源は非常に重要なものであり、実際のオーディオ機器におけるオペアンプ IC （他のアナログ回路や D/A コンバーター回路を含む）の動作電源は非常に高性能（高安定度、低ノイズ/リップル）なものであることによる。また、オペアンプ IC の電源ピンには電源デカップリングコンデンサーが接続されているので、電源側からのノイズ/リップル、回路自身で発生するノイズ/リップルともに大幅に低減される。

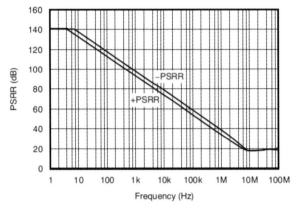

図1-50　PSRR特性グラフ例

1-2-8　入力特性

オペアンプICの入力特性にはDC特性として入力オフセット電圧（Input Offset Voltage）、入力バイアス電流（Input Bias Current）、AC特性として入力インピーダンスがある。

■入力オフセット電圧 (Vos)

入力オフセット電圧・Vosの定義は次のようになる。

オペアンプIC回路において（反転入力電圧＝非反転入力電圧＝0V）であれば、出力電圧も0Vとなるのが理想であるが、実際には、わずかな出力電圧が発生する。このとき、出力電圧が理想0Vとなるための反転入力電圧（VIn−）と非反転入力電圧（VIN＋）の電圧差がオフセット電圧・Vosとなる。逆にいえば、入力オフセット電圧は回路ゲイン倍（正確には1＋回路ゲイン倍）されて出力誤差となる。

反転増幅回路のゲインをG、入力電圧をVi、オフセット電圧をVosとすれば出力電圧Voは次式で表すことができる。

$$\mathrm{Vo} = \mathrm{G} \cdot \mathrm{Vi} + (1 + \mathrm{G})\mathrm{Vos} \cdots\cdots\cdots\cdots\cdots\cdots\cdots\cdots\cdots\cdots\cdots\cdots 式1\text{-}33$$

通常、オフセット電圧はオーディオ信号のダイナミック特性には影響しないので回路ゲインが大きくない場合の影響度は大きくない。オーディオ回路においてはAC（カップリングコンデンサー）結合が多く用いられているのでオペアンプICのDCオフセット電圧の影響はほとんどないとも言える。また、高精度オペアンプICモデルによってはオフセット電圧の外部調整用端子が用意されているデバイスもある。また、オフセット電圧は温度依存性を有する。

■入力バイアス電流 (Ios)

オペアンプの入力部の FET またはバイポーラートランジスターによる差動増幅回路構成をしているが、いずれの場合も入力部デバイスにはバイアス電流 Ios が流れており、回路の帰還抵抗 Rfx バイアス電流 Ios の DC 電圧誤差を発生させる。電流値そのものは非常にわずかな値であるので、通常のオーディオ回路ではこれにより発生する DC 電圧誤差もわずかなものとなり、ほとんど実影響はないと言える。

■オフセット電圧とバイアス電流のスペック

図1-51 に低ノイズ高精度オペアンプ IC でのオフセット電圧/バイアス電流スペック規定例を示す。オフセット入力電圧では初期値の TYP 値（$\pm30\mu$V）、MAX 値（$\pm125\mu$V）、温度度ドリフト（0.35μV/$^{\circ}$C・Typ）、対電源電圧ドリフト（0.1μV/V・Typ）などが規定されている。一方、バイアス入力電流に関しても初期値の TYP 値（±60nA）、MAX 値（±175nA）が全温度範囲条件（Over Temperature）で規定されている。当該オペアンプ IC の例では高精度オペアアンプに分類されるモデルなので、オフセット電圧値は一般的なオペアンプの数 mV オーダーのスペックに比べて数百 μV オーダーの優れたスペックとなっている。バイアス電流規定値は FET 入力型とバイポーラー入力型で大きく異なる。

PARAMETER		CONDITIONS	Standard Grade OPA211A, OPA2211A			UNIT
			MIN	TYP	MAX	
OFFSET VOLTAGE						
Input Offset Voltage	V_{OS}	$V_S = \pm15$V		±30	±125	μV
Drift	dV_{OS}/dT			0.35		μV/$^{\circ}$C
vs Power Supply	PSRR	$V_S = \pm2.25$V to ±18V		0.1	1	μV/V
Over Temperature					3	μV/V
INPUT BIAS CURRENT						
Input Bias Current	I_S	$V_{CM} = 0$V		±60	±175	nA
Over Temperature					±200	nA
Offset Current	I_{OS}	$V_{CM} = 0$V		±25	±100	nA
Over Temperature					±150	nA

図1-51　バイアス電圧/オフセット電流スペック例

■入力インピーダンス

入力インピーダンスは通常、差動（Differential）条件と同相（Common Mode）で規定されている。いずれもオーディオアプリケーションの実設計に影響のない非常に高い値となっている。たとえば、高精度オペアンプ IC モデルでは次のように当該スペックが規定されている。規定の仕方は入力インピーダンスを抵抗成分、キャパシタンス容量成分の並列併記がされている。バイアス電流と同様に FET 入力型とバイポーラー入力型で規定値は大きく異なる。以下に入力形式によるスペック規定例を示す。

・FET入力のスペック
　Differential：$10^{13}\Omega \| 2\text{pF}$
　Common-Mode：$10^{13}\Omega \| 5\text{pF}$
・バイポーラー入力のスペック
　Differential：$20\text{k}\Omega \| 8\text{pF}$
　Common-Mode：$10^{9}\Omega \| 2\text{pF}$

コラム―2

　オペアンプICの入力回路初段ステージは差動入力（差動アンプ）回路であるが、この初段差動回路のデバイス（トランジスター）のタイプは「FET（電界効果トランジスター）」と「バイポーラートランジスター」の2種類が存在する。次にFET入力型とバイポーラー入力型の初段簡略回路（初段差動回路部抜粋）を示す。

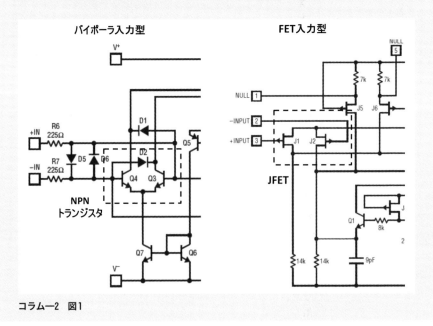

コラム―2　図1

　バイポーラー入力とFET入力のプロセス特性からの差異は前述の通りバイアス電流初期値である。バイアス電流の温度特性は
・バイポーラー入力型：負の温度特性
・FET入力型：正の温度特性
を有する。雑音特性やゲイン帯域幅特性ではプロセスによる差異はなく、どちらのプロセスでも各オペアンプICの設計指針により特性が決定される。製品としてのTHD＋N特性の傾向では（規定値のプロセスでの差異はない）、トランジスターとFETの伝達特性による差異がある。**コラム—2　図2**にプロセスによる伝達特性の差異を示す。同図上側はバイポーラーNPNトランジスターであるが、Vbe-IC特性からのTHD発生のFFT解析例、同様に同図下側は、FETのVgs-ID特性からのTHD発生のFFT解析例を示している。

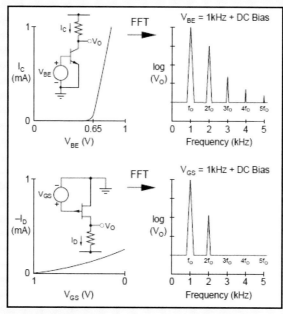

コラム—2　図2

　各社オーディオ用オペアンプICに製品ラインアップにおいてもバイポーラー入力型、FET入力型の両方が存在する。一般的であるが、比較的高い入力インピーダンスを必要とする回路ではFET入力型が用いられることが多い。

1-2-9　出力特性

　図1-52にオーディオ用オペアンプ IC の出力特性（OUTPUT）スペック例を示す。出力特性で規定されているのは、出力電圧、出力電流、出力インピーダンス、許容負荷容量値の通常動作での定格と出力短絡といった異常時に対する保護（動作）条件である。

OUTPUT					
Voltage Output	R_L = 10kΩ	(V−)+0.5		(V+)−1.2	V
	R_L = 2kΩ	(V−)+1.2		(V+)−1.5	V
	R_L = 600Ω	(V−)+2.2		(V+)−2.5	V
Output Current			±35		mA
Output Impedance, Closed-Loop[5]	f = 10kHz		0.01		Ω
Open-Loop	f = 10kHz		10		Ω
Short-Circuit Current			±40		mA
Capacitive Load Drive (Stable Operation)		See Typical Curve			

図1-52　出力特性スペック例

　図1-52における出力特性各スペックについて解説する。

■出力電圧（Voltage Output）

　出力電圧は負荷抵抗 RL の条件により異なることがわかる。(V±) はバイポーラー電源電圧であり、たとえば、RL ＝ 10kΩ 条件においては＋側電圧より 1.2V 小さい、−側電圧より 0.5V 小さい電圧を出力可能であることを規定している。電源電圧が ±10V であれば、最大出力電圧は ＋8.8V、−9.5V となる。当規格からわかる通り、最大出力電圧は負荷抵抗 RL が小さくなると小さくなる傾向となっている。

■出力電流（Output Current）と短絡回路電流（Short Circuit Current）

　出力電流は出力電圧に関係なく ±35mA（Typ）で規定されている。短絡回路電流は何らかの回路不具合の発生により負荷が短絡した場合の出力電流で、±40mA（Typ）で規定されている。これらのスペックは絶対最大定格も同時に確認して、実機においては無理のな

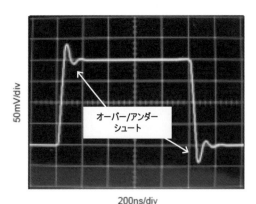

図1-53　小信号短形波応答特性例

い実設計がされている。

■出力インピーダンス（Output Impedance）

　出力インピーダンスはOpen-Loop条件とClosed-Loop条件で規定されているが、実回路ではClosed-Loopで用いるので、この規定の方が重要である。ここではClosed-Loop条件で、0.01Ω（Typ）が規定されており、実回路設計にはほとんど影響のないと言える。

■容量負荷駆動（Capacitive Load Drive）

　オペアンプIC出力の容量負荷は位相シフトによる動作安定性と短形波応答特性に影響する。これにより、許容できる負荷容量が規定されている。当該モデルの場合は、負荷容量による短形波応答のオーバーシュート量が標準特性曲線で規定されている。

　図1-53に同一オペアンプICモデルの小信号における短形波応答特性例（オーバーシュート/アンダーシュート）を示す。同図におけるテスト信号は、信号振幅200mVの短形波である。立ち上がり/立下り時間は、50nsec程度となっているが、遷移開始から200nsecの間にオーバーシュート/アンダーシュートを確認できる。回路条件はゲインG＝1、負荷容量CL＝100pFのものである。当然、回路ゲインや負荷条件によりこの応答特性は変化することになる。

■出力電圧/電流特性

　図1-54に高精度オペアンプICの出力特性の出力電圧/電流の標準特性曲線グラフを示す。

　同図においては、最大出力電圧振幅と出力電流の関係を温度パラメーターで示している。同図より、出力電流が20mA程度までは温度依存性はほとんどないが、出力電流が20mAを超えると温度依存性が高くなり、仕様用温度範囲では、**図1-54**に示された出力電流35mAまでが電圧出力を安定出力できる境界であることを示している。

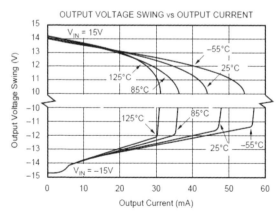

図1-54　出力特性標準特性グラフ例

　実設計においては、使用動作温度範囲の上限は＋85℃程度が一般的であり、出力電圧振幅も±10V未満、出力電流も±10mA未満とした設計がほとんどである。一部、ヘッドフォンドライブ用にある程度の出力に対応したオペアンプICが用いられることがある。

1-2-10　電源特性

　一般的な両電源動作オペアンプICの標準的な電源関係スペックを次に掲げる。

■規定動作電圧 (Specified Operation Voltage)

　規定動作電圧はデータシートに規定しているDC特性（入力オフセット電圧、入力バイアス電流）、AC特性（ゲイン帯域幅、THD＋N特性など）およびノイズ特性が保証される基準動作電圧である。標準的な両電源動作オペアンプICでは、たとえば±15V（Typ）で規定されている。

■動作電圧範囲 (Operating Voltage Range)

　動作電圧範囲は、規定スペックの中には保証値を超える可能性もあるが、ほぼ規定スペックを維持してオペアンプICとして機能する電源電圧範囲を規定している。たとえば、±2.5V（Min）、±18V（Max）などで規定されている場合、DC特性やオープンループゲインが若干低下するものの、ほぼ主要スペックを維持しての使用が可能である。

■静電流 (Quiescent Current)

　静電流はオペアンプICには規定電源電圧が印加されているが、信号入力の無い静止状態における電源電流が規定されている。たとえば、3.6mA（Typ）、4mA（Max）などで規定されている。オペアンプICモデルによっては標準値（Typ）のみを規定しているモデルや、動作全温度範囲（Over Temperature）動作での規定をしているモデルもある。

■温度範囲 (Temperature Range) と熱抵抗 (Thermal Resistance)

　温度範囲規定は、仕様温度範囲（Specified Range）、動作温度範囲（Operating Range）、保存温度範囲（Storage Range）が存在するが、標準的には仕様温度は＋25℃条件で規定しているので、動作温度範囲のみを規定しているモデルが多い。

　図1-55に高精度オペアンプICの温度範囲規定スペック例を示す。

　当該オペアンプICではSpecification条件とOperating条件での温度範囲は同じである

TEMPERATURE RANGE					
Specification	Ambient Temperature	−25	+85	*	°C
Operating:					
P, U Packages		−25	+85	*	°C
Storage:					
P, U Packages		−40	+125	*	°C
θ_{JA}		200		*	°C/W

図1-55　温度範囲スペック規定例

が、動作範囲と仕様範囲を区別していないモデルもあり、たとえば下記のような規定しかないものもある。

Specification：−25℃〜＋85℃

　スペック規定の動作温度範囲が広いことを特徴としているモデルもあり、たとえば次に示すようなスペック規定をしているものもある。

Specified Range：−40℃〜＋125℃

Operating Range：−55℃〜＋140℃

1-2-11　パッケージ、熱抵抗

　熱抵抗は主にパワーデバイス（比較的大電力を扱う）や回路/動作原理上の理由を消費電力の大きなデバイスでは十分な考察と放熱処置が必要である。オーディオアプリケーションで用いられるオペアンプICでは小電力動作がほとんどなので、絶対最大定格と熱抵抗をさほど気にすることはあまりない。熱抵抗は次の規定が一般的である。

・θj-a：ジャンクション-周囲間熱抵抗

・θj-c：ジャンクション-ケース間熱抵抗

　熱抵抗はオペアンプICのパッケージや回路数（Single、Dual、Quadなど）により大きく異なる。たとえば、1回路オペアンプでの熱抵抗は、8ピンDIP型で、θj-a = 100℃/W、8ピンSOP型で、θj-a = 150℃/Wのように規定されている。

　オペアンプICのパッケージは、現代ではDIP型パッケージ、SOPパッケージおよびSSOPパッケージが主流である。より小型の特殊なパッケージも存在するが、オーディオ/デジタルオーディオ用途/機器ではこれらのパッケージの採用がほとんどと言える。オーディオ用途では1回路入りオペアンプ（Single）、2回路入りオペアンプ（Dual）が最も多く用いられているが、パッケージのピン数はどちらも8ピンである。これらパッケージの外観は本書冒頭の**図1-1**を参照願いたい。また、**図1-56**に一般的SingleおよびDualタイプオペアンプICの内部接続図を示す。この内部接続は万国共通であり、オペアンプICモ

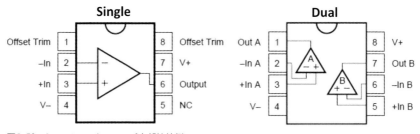

図1-56　Single/Dualオペアンプ内部接続例

デルによっては位相補償用コンデンサー接続端子や同図Singleの例のようにオフセット電圧調整用端子が用意されているモデルもある。

　オペアンプICのパッケージはここで示したDIP/SOPの標準的なパッケージ以外にも多くの種類が存在する。今まで解説した両電源（バイポーラー電源）動作のオペアンプIC以外にも、単一電源・低電圧動作オペアンプモデルやはレール・トゥ・レール機能（ほぼ電源電圧まで出力電圧振幅を得ることができる出力特性を有する）製品など、主にポータブルアプリケーション用のオペアンプICモデルにそうしたパッケージ製品が存在している。このあたりはオーディオに限らず、アプリケーション機器の小型化/軽量化の進化に併せての製品開発需要から開発が進んでいると言える。

1-3　オペアンプICのオーディオでのアプリケーション

　CDDAプレーヤーやAVアンプ、ハイレゾ再生プレーヤー、マイクミクサー・アンプなどの内部を見ると、アクティブデバイスとして非常に多くの種類のIC/ LSI、ディスクリート半導体デバイス（トランジスター、FET）、オペアンプICが実装されていることを確認できる。コンシューマオーディオ機器、プロオーディオ機器供にアナログ回路の組み合わせが必修であることから、オペアンプICの実装は当然と言える。オペアンプICによるオーディオアナログ回路の機能としては、次のようなアプリケーションが掲げられる。当然これらのアプリケーションで、特に性能と音質のバランスは十分検証（当然価格も）され、「オーディオ用オペアンプIC」の採用/使用は多くの実例として掲げられる。
・入力ゲインアンプ回路
・アナログミクシング回路
・トーンコントロール回路
・アクティブフィルター回路
・IV変換回路
・出力ラインアンプ回路
　これらの回路機能は主にオーディオ関連実アプリケーション機器のアナログ入力部、アナログ出力部で用いられているのが主流である、一部、アクティブ型のトーンコントロール回路では中間回路でオペアンプICが用いられている。

1-3-1　入力ゲインアンプ回路—1
　図1-57にエレクトレットコンデンサーマイク（EMC）プリアンプの回路例を示す。当該回路はアコースティックギター内蔵のマイクアンプ回路としても用いられる。

　同回路はDual（2回路）オペアンプの1回路はアンプ回路（A1）、1回路はDCバイアス
ドライブ（A2）に用いられる。電源は009Pタイプ乾電池として9V単一電源動作である。
従って、使用オペアンプICは比較的低電源電圧動作が可能なオペアンプICを選択する必
要がある。A1の入出力部はACカップル（DCカット）の反転型ゲインアンプで、ゲイン
可変ボリューム最小（0Ω）と最大（50kΩ）で回路ゲインを−20dB〜＋14dBの間で可変す
ることができる。

　当然、入力側の抵抗（10kΩ）値と出力側の抵抗/ボリューム値を変えれば回路ゲインは
ある程度自在に設定変更できる。A2はDCバイアス生成回路で、生成された1/2Vcc（9V/2
＝4.5V）をバッファー、バイアスドライブで動作させ、マイク部への動作電源とA1部へ
の1/2Cバイアス電源として供給している。

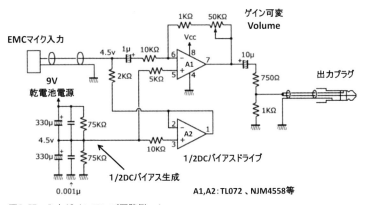

図1-57　入力ゲインアンプ回路例―1

　主要オーディオ特性となるTHD＋N特性やノイズ特性、周波数特性は使用するオペア
ンプICモデルでほぼ決定されることになる。オペアンプICのモデル選択には下記条件が
推奨される。

・9V電源電圧（±4.5Vでも可）動作可能。
・同低電圧動作条件下でTHD＋N特性、ノイズ特性、周波数特性、開ループゲイン特性
　が相応に高性能である。

1-3-2　入力ゲインアンプ回路―2

　図1-58に入力ゲインアンプ例―2として、高性能・差動入力型オーディオ用A/Dコンバ
ーターの入力ゲインアンプ回路例を示す。

　同図ではステレオの1チャンネルあたり3回路のオペアンプICで入力回路が構成されて

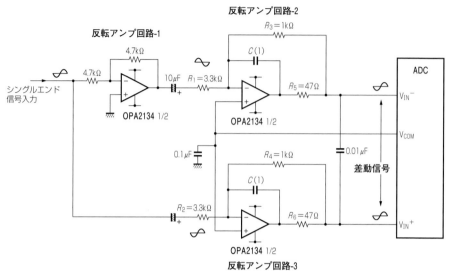

図1-58　入力ゲインアンプ例―2

いる。これは、シングルエンド型信号入力に対して、差動（バランス）入力型のA/Dコンバーター入力に対応した差動信号を生成する（シングルエンド–バランス変換）ためのものである。同図において、シングルエンド信号入力は次の信号ルートでA/Dコンバーター入力となる。

　信号入力→反転アンプ回路1→反転アンプ回路2→ADC・Vin−入力

　信号入力→反転アンプ回路3→ADC・Vin＋入力

　上段は反転アンプが2段なので入力信号位相と同相信号が出力され、下段は反転アンプ1段なので入力信号位相と逆相信号が出力される。従ってA/Dコンバーター入力は差動信号が入力されることになる。同回路においてはS/Nを高性能化するために、フルスケール信号入力レベルを高く設定している。このため、ゲイン設定はマイナスゲイン（G＝1kΩ/3.3kΩ＝0.303、−10.3dB）になっている。実アプリケーションにおいては、入力信号条件（フルスケール信号レベル）によってこのゲイン設定は異なってくる。オペアンプICはオーディオ用オペアンプで低THD＋N特性、低ノイズ特性が特徴となっているデバイスである。

　図1-58において、反転アンプ-2と反転アンプ-3の帰還ループ内にR5＝R6＝47Ωが挿入されているがこれは「特殊」な使い方である。この回路ではA/Dコンバーターの動作上、A/Dコンバーター内部から入力端子（Vin±）に発生する動作ノイズのオペアンプICへの影響を、抵抗R5、R6と0.01μFキャパシターで回避する目的で用いられている。

1-3-3　RIAAイコライザー回路—1

図1-59に低ノイズオペアンプICによるRIAAイコライザーアンプ回路例を示す。

RIAAイコライザーアンプは帰還（Feedback）回路にCRよる逆イコライザー周波数特性を構成することによりRIAA特性を得るものである。

本回路の場合オペアンプIC 1個でRIAAイコライザーアンプを構成しており、信号周波数f＝1kHzでのゲインは約60dBとかなり高いゲイン設計である。RIAA再生での信号周波数対ゲイン特性は、信号周波数1kHzでのゲインを基準（0dB）とすると、信号周波数＝10Hzで約＋20dB、信号周波数＝10kHzで約−14dBの特性を有する。従って、1kHzで60dBゲインであれば信号周波数10Hzでは、60dB＋20dB＝80dBの非常に高いゲイン特性が求められ、これを実現するためには使用できるオペアンプICモデルは限られることになる。すなわち、

・非常に高い（大きい）ゲイン帯域幅積（開ループゲイン）

・非常に小さい入力ノイズ特性

が求められる。本回路ではリニアテクノロジー社のLT1028を用いているが、当該オペアンプのゲイン帯域幅積は50MHzと非常に高く、周波数1Hzでの開ループゲインは150dBと、他に比類を見ない高ゲイン特性が規定されている。この特性がなければ1個のオペアンプIC回路による閉ループ回路で80dBという高ゲイン回路は実現不可能である。

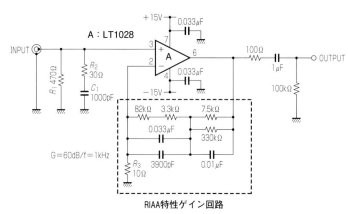

図1-59　RIAAイコライザーアンプ回路例—1

また、ノイズ特性においても、f＝1kHzにおける入力換算ノイズ電圧は$0.85\mathrm{nV}/\sqrt{\mathrm{Hz}}$（Typ）、$1.1\mathrm{nV}/\sqrt{\mathrm{Hz}}$（Max）で規定されており、このノイズ特性スペックは、低ノイズオペアンプICに分類される中でも最高性能の低ノイズ特性と言える。

1-3-4　RIAAイコライザー回路—2

図1-60に低ノイズオペアンプIC2個とCR型RIAA特性回路によるRIAAイコライザー回路を示す。基本回路は共立電子産業(株)のRIAAキットから引用させていただいた。

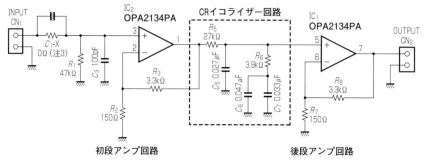

図1-60　RIAAイコライザー回路例—2

　本回路は高性能オペアンプIC2回路をハイゲイン非反転アンプ回路として構成し、初段アンプ部と後段アンプ部間にCRネットワークによるRIAA特性周波数補正回路（特殊なカーブのLPFとも言える）を組みわせたものである。当回路のメリットは、初段、後段オペアンプ回路のゲインは23倍（約27dB）に設定しているので、**図1-59**での回路例で要求されるオペアンプIC特性よりは、要求性能を高くしないで対応できることである。

　同回路設定ではf＝1kHzの総合ゲインは約40dBに設定されている。初段アンプ部と後段アンプ部の各ゲインGの計算は次の通りである。

　$G = 20 \mathrm{Log}\,(3.3\mathrm{k}/150) = 27$　(dB)

であり、これが2段接続なので総合ゲインGtは

　$Gt = 27 \times 2 = 54$　(dB)となる

　オペアンプに相応のゲイン帯域幅積と低ノイズ特性が要求されるのはもちろんである。同図ではTI社のOPA2134が用いられているが、当該オペアンプICの主要特性は次の通りである。

・ゲイン帯域幅積：8MHz

・入力換算ノイズ電圧：$8\mathrm{nV}/\sqrt{\mathrm{Hz}}$

・THD＋N：0.00008%（G＝1）

　ノイズ特性は単純比較でLT1028より10倍程度大きいが、OPA2134もオーディオ用として低ノイズに分類されるものであり、110dB程度の高いS/Nを得ることも可能である。

　本回路例におけるCR型の最大の特徴はRIAAアンプ総合THD＋N特性に対して、個々

のオペアンプ（前段アンプ、後段アンプ）のゲインが固定であるので、帰還型のようにゲ
周波数によりゲインが変化することによる信号周波数変化→ゲイン変化→THD＋N特性
変化がないことになる。オペアンプ自身のTHD＋N対信号周波数特性はもちろん基本特
性として有しているが、ゲインが変化しないので、設定ゲインでのTHD＋N特性を確認
すれば、総合性能もある程度予測することができる。

コラム―3

　RIAAイコライザーはアナログLPレコードの録音時の周波数特性を補正するもので
あり、周波数特性規定は業界標準である。市販されているLPレコードのほとんどは
録音時の周波数特性はRIAA特性である。と、筆者自身も認識していた。

　ところが、実際の市場では複数の周波数補正特性が業界（アナログレコード録音）
に存在していると言われている。本コラムで紹介する、エイアンドエム社のフォノイ
コライザーアンプATE-3011は、RIAA特性（ほとんどのLPレコードは本特性である
と思われる）、AES特性、FFFR特性、NAB特性、の4種類のイコライザー（周波数）
特性とFLAT特性（イコライジングなし）に対応するユニークなイコライザーアンプ
である。ATE-3011の外観図を下図に示す。前述の通り、LP全盛時代から現代までほ
とんどのLPレコードはRIAA特性であるので、1950年前後のLPレコードを所有する
かなりマニアックな方向けの商品である。

A&M Limited ATE-3011

　同機における5種類のイコライザー周波数特性を下図に示す。各特性での差異は100Hzで3dB程度、10kHzで5〜6dB程度あることがわかる。周波数特性にこれだけの差異があれば、聴感でもその音質傾向の差異は確認できると思われるが、筆者自身に本機の試聴経験はないので、音質差による差異はコメントできない。

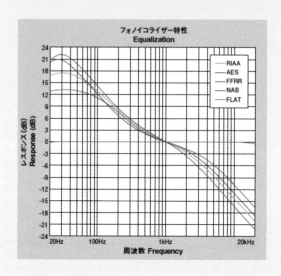

1-3-5　トーンコントロール回路

　図1-61にオペアンプICによる帰還型トーンコントロール回路例を示す。同図は多摩電子回路(株)の基板キットから引用させていただいた。実製品ではステレオ2chであるが、ここでは1ch分のみを示している。

　トーンコントロール回路にはRIAAイコライザー回路と同様に、オペアンプICの帰還ループ内にCR周波数コントロール回路を構成する帰還型と、パッシブCR型が存在する。本トーンコントロール回路は回路図からあきらかなように帰還型である。基本的には非反転型増幅回路で、非反転アンプの入力抵抗と出力抵抗を、CRネットワーク＋可変ボリュームによる周波数特性を持たせた周波数-ゲイン可変抵抗（インピーダンス）に置換したものとも言える。トーンコントロールは一般的に低域側（BASS）と高域側（TREBLE）の回路ゲインを可変するもので、ボリューム抵抗がセンター位置で変化ゲイン＝0dB、周波数特性がフラットになるように設計される。また、低域側/高域側の可変周波数設定とゲイン設定は各社実製品で異なり、特に業界標準は規定されていない。また、中〜高級アンプ

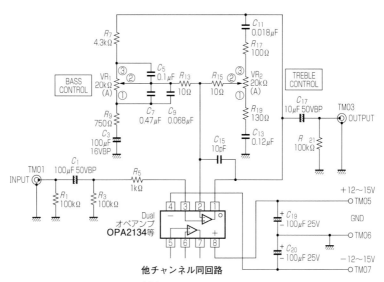

図1-61　トーンコントロール回路例

では、可変周波数を細分しているモデルもある。

　当回路例でも使用しているオペアンプICはOPA2134である。**図1-60**のイコライザー
アンプ回路例―2でも用いられているがトーンコントロール回路では設定ゲインが高くな
いので低THD + N特性を有効に用いることができる。

　図1-62に当トーンコントロール回路のBASS/TREBLEトーンコントロール特性（周波
数特性）を示す。低域側（BASS）では周波数100Hzで±9dB、高域側（TREBLE）では周
波数10kHzで±11dBの可変特性を有していることがわかる。

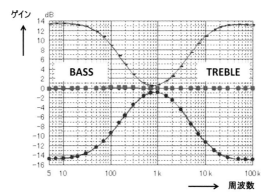

図1-62　トーンコントロール周波数特性

1-3-6　フィルター回路

　オーディオ/デジタルオーディオ機器におけるフィルター回路は前項1-1-6、アクティブフィルター回路で解説した通り、LPFとHPFがメインである。デジタルオーディオ機器ではA/D変換前段のアンチエリアシングLPF、D/A変換後のポストLPFがほとんどで、要求性能に応じたオーディオ用オペアンプICが選択、実装されている。

　図1-63にD/AコンバーターIC出力回路のポストLPF回路例を示す。

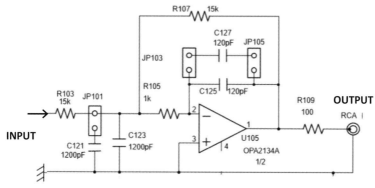

図1-63　D/A出力2次ポストLPF回路例

　同図のLPFは2次MFB（多重帰還）型LPFでステレオ2chの1ch分を示している。カットオフ周波数fcはJP設定によるコンデンサー容量を変えることにより選択することができるように設計されている。同図でジャンパ（JP101、JP103、JP105）がOPEN（開放）状態でのカットオフ周波数fcは108kHz、SHORT（短絡）状態でのカットオフ周波数fcは54kHzに設計されている。このカットオフ周波数fcの選択機能は、D/A変換部の動作サンプリングレート（fs = 44.1kHz～192kHz）に対応して最適なカットオフ周波数fcを確認するために設けてある。使用オペアンプICはここでもOPA2134であるが、同等グレード製品であれば性能特性上は問題ない、実際のオーディオ再生機器では音質評価の要素も含めて最適なモデル（オペアンプIC）が選択されている。

1-3-7　I/V変換回路

　I/V変換回路はデジタルオーディオ分野では高性能・電流（I）出力型D/AコンバーターICの出力回路に用いられている。信号出力は電流（I）出力型のD-AコンバーターICは業界ではESS社の高性能D/Aコンバーター製品、TI（バー・ブラウンブランド）社の高性能D/Aコンバーター製品にほぼ限られる。I/V変換の原理は1-1-5項、**図1-17**に示した通り

であり、出力電圧Vo＝I（信号電流）・RF（帰還抵抗）で求められる。高級モデルで重要なノイズ特性はオペアンプICのノイズ特性に大きく依存する。**図1-64**にI/V変換回路のノイズ解析等価回路を示す。

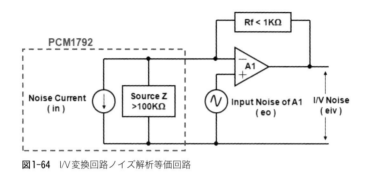

図1-64 I/V変換回路ノイズ解析等価回路

　同図において、D/AコンバーターIC（TI社PCM1792）とI/V変換オペアンプIC・A1による各ノイズ解析パラメーターを次に示す。

・In：PCM1792ノイズ電流
・Z：PCM1792ソース抵抗
・Rf：I/V変換帰還抵抗
・eo：オペアンプA1入力換算雑音電圧
・eiv：I/V変換出力総合ノイズ

　ここで、I/V変換総合出力ノイズeivは入力換算総合ノイズ電圧をNeとすると次式で求められる。

$$eiv = \{1 + (Rf/Z)\} \times Ne \quad \cdots\cdots\cdots\cdots\cdots\cdots\cdots\cdots\cdots\cdots\cdots\cdots\cdots\cdots\cdots \text{式1-34}$$

$$Ne = \sqrt{\{in(Rf/\!/Z)\}^2 + eo^2} \quad \cdots\cdots\cdots\cdots\cdots\cdots\cdots\cdots\cdots\cdots\cdots\cdots\cdots \text{式1-35}$$

　電流ノイズInの影響はRfが1kΩ未満なので電圧換算値In（Rf/\!/Z）は非常に小さく、かつ2-15式でのノイズゲイン1＋（Rf/Z）はZが100kΩなのでほぼeiv≒1と計算できる。

　従って、I/V変換の総合ノイズはオペアンプの入力換算雑音電圧eoでほぼ決定されることになる。すなわち、"eiv＝eo"、オペアンプICの入力換算雑音・eoがI/V変回路出力総合雑音出力・eivとして扱えることになる。これは、ハイグレード（120dBグレードのS/N特性）特性を有する製品で電流出力型D/AコンバーターICが用いられる大きな理由であることを示している。

　ここでの出力雑音はオペアンプIC 1個・1回路分のものであるが、差動出力（±）と差

動シングル変換で構成する D/A コンバーター出力回路では合計 3 個のオペアンプ IC が用いられることになり、総合ノイズ No は各ノイズを Np とすれば、$No = \sqrt{Np^3}$ となる（Np の約 1.73 倍、約 0.5dB）。低ノイズオペアンプ IC の定番である 5532/5534 タイプオペアンプ IC を用いて、この条件を帯域 20kHz とした総合ノイズ（S/N）を計算すると次のようになる。

- NE5532

  入力換算ノイズスペック：5nV/√Hz（Typ）

  オペアンプ 1 個のノイズ・$No = 5nV/\sqrt{20kHz} = 707$ nVrms

  オペアンプ 3 個のノイズ・$Nt = \sqrt{(3 \times 707)^2} = 1.224\mu$Vrms

  2Vrms 信号に対する S/N

  $SNR = 20Log(1.224\mu V/2V) = 124$（dB）

- NE5534

  入力換算ノイズスペック：3.5nV/√Hz（Typ）

  オペアンプ 1 個のノイズ・$No = 3.5nV/\sqrt{20kHz} = 495$ nVrms

  オペアンプ 3 個のノイズ・$Nt = \sqrt{(3 \times 495)^2} = 1.103\mu$Vrms

  2Vrms 信号に対する S/N

  $SNR = 20Log(1.103\mu V/2V = 127$（dB）

　これらはスペック規定（Typ）からの計算値であり、ワースト値（Max）スペックで大体 2dB 程度（それぞれ 126dB、125dB）計算値は悪くなる。また、A-Weighted フィルター使用での条件では平均 2dB 程度値は良くなる。ただし実装では、諸条件により、この S/N を達成するには相応の実装技術と電源条件を必要とする。

1-4　各社の代表的オペアンプ IC の概要と特徴

　本項では各社オーディオ用オペアンプ IC の概要と特徴について解説する。各オペアンプ IC モデルの選択にはオーディオ用途として特徴的な特性スペック、オーディオ業界での音質を含む評判、各社オーディオ/デジタルオーディオ機器での実装実績などを考慮して選択した。また、本章内容は『MJ 無線と実験』2010 年 2 月号から 2011 年 6 月号にかけて筆者が執筆、掲載されたオペアンプ IC に関する記事を元にしており、これを加筆・修正している。内容的に重複する部分もあることをご理解いただければ幸いである。『MJ 無線と実験』で掲載、解説したオペアンプ IC モデルは次の通りである（社名は掲載当時のもの）。

・AD797：アナログ・デバイセズ社

超低歪み、超低ノイズオペアンプ。バイポーラー入力

・LME49860、LME49726：ナショナルセミコンダクター社

　超低ノイズオペアンプ。バイポーラー入力

・MUSES8820：新日本無線社

　高音質オペアンプ。バイポーラー入力

・5532/5534ファミリー：新日本無線社、TI社

　低雑音オペアンプ。バイポーラー入力

・OPA604/OPA2604：TI社

　低歪みオペアンプ。FET入力

・OPA627：TI社

　高精度、高速Difetオペアンプ。FET入力

・OPA2353：TI社

　高速、単一電源、Rail-to-Railオペアンプ。FET入力

・OPA2134：TI社

　高性能オーディオ用オペアンプ。FET入力

・OPA1632：TI社

　高性能フル差動オペアンプ。バイポーラー入力

・LT1115：リニアテクノロジー社

　超低ノイズ、低歪み、オーディオ用オペアンプ。バイポーラー入力

・MAX4475：マキシム社

　低ノイズ、低歪み、広帯域、Rail-to-Railオペアンプ。FET入力（推測）

　これらの各オペアンプICを見ると、TI社のオーディオ用オペアンプICはほとんどが初段FET入力であるのに対して、他社のオペアンプICはバイポーラー入力であることがわかる。帯域幅特性、THH＋N特性、ノイズ特性などの主要オーディオ特性で入力形式（FETまたはバイポーラー）での差異はないが、FET入力の特殊プロセスを有していた旧バー・ブラウン社が開発、生産したものが現TI社のオーディオ用オペアンプICのほとんどであることは事実である。

1-5　ADIのオペアンプIC　AD797

　アナログ・デバイセズ（ADI）社の超低歪み・超低ノイズオペアンプIC、AD797はコンシューマ、プロフェッショナルを問わず、オーディオアプリケーションで超低ノイズ、低THD、広帯域特性を有する特性（仕様）オペアンプICである。そのオーディオ性能とし

ては最高性能グレードにランクされる優秀なオペアンプICである。

図1-65にAD797のデータシートのフロントページの抜粋を示す。このフロントページに記載されている主要スペックのみで、特性の概要を把握することができる。

特長

低ノイズ
　入力電圧ノイズ: 1 kHz で 0.9 nV/√Hz typ (1.2 nV/√Hz max)
　入力電圧ノイズ: 0.1 Hz〜10 Hz で 50 nV p-p
低歪み
　総合高調波歪み: 20 kHz で−120 dB
優れた AC 特性
　セトリング・タイム: 16 ビット (10 V ステップ)で 800 ns
　ゲイン帯域幅: 110 MHz (G = 1000)
　帯域幅: 8 MHz (G = 10)
　フル・パワー帯域幅: 20 V p-p で 280 kHz
　スルーレート : 20 V/μs
優れた DC 精度
　入力オフセット電圧: 80 μV max
　V_{OS} ドリフト: 1.0 μV/°C
電源電圧: ±5 Vおよび±15 V
高出力駆動電流: 50 mA

アプリケーション

業務用オーディオ・プリアンプ
IR、CCD、ソナーの画像処理システム
スペクトル・アナライザ
超音波プリアンプ
地震計
Σ-Δ ADC/DAC のバッファ

ピン配置

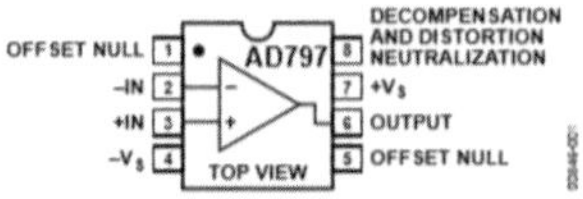

図 1.8 ピン・プラスチック・デュアルインライン・パッケージ [PDIP]
および
8 ピン標準スモール・アウトライン・パッケージ [SOIC]

概要

AD797 は、ノイズと歪みが極めて小さいオペアンプであるため、プリアンプとして最適です。AD797 は、オーディオ帯域で 0.9 nV/√Hz の低ノイズと−120 dB の低総合高調波歪みを持つため、マイクロフォンやミキシング・コンソールでのプリアンプに必要とされる広いダイナミック・レンジを提供します。

さらに、AD797 は 20 V/μs の優れたスルーレートと 110 MHz のゲイン帯域幅を持つため、低周波超音波アプリケーションに適しています。

また、AD797 は広いダイナミック・レンジが必要な赤外線 (IR) やソナーの画像処理アプリケーションでも有効です。AD797 は低歪みであり、16 ビットのセトリング・タイムを持つため、Σ-Δ ADC 入力と高分解能 DAC 出力のバッファリングに最適です。特に、地震計やスペクトル・アナライザのようなクリティカルなアプリケーション向けに最適です。AD797 は 50 mA の出力電流駆動能力や±5 V〜±15 V の電源電圧範囲のような重要な機能を持つため、優れた汎用アンプになっています。

図1-65　AD797データシート抜粋

1-5-1　AD797主要特性

本項ではAD797のノイズ特性、ダイナミック特性、THD＋N特性などの主要特性について解説する。

■入力換算ノイズ特性

AD797の入力換算ノイズ特性スペック（抜粋）を**図1-66**に示す。特定帯域での雑音実効値と周波数毎の雑音スペクトラム密度が規定されている。

Parameter	Conditions	Supply Voltage (V)	AD797A			
			Min	Typ	Max	
INPUT VOLTAGE NOISE	f = 0.1 Hz to 10 Hz	±15 V		50		nV p-p
	f = 10 Hz	±15 V		1.7		nV/√Hz
	f = 1 kHz	±15 V		0.9	1.2	nV/√Hz
	f = 10 Hz to 1 MHz	±15 V		1.0	1.3	μV rms

図1-66　AD797　入力換算ノイズスペック

　AD797の入力換算雑音電圧は上図規定データシートから、雑音スペクトラム密度はf ＝ 1kHzにて

・0.9nV/$\sqrt{\text{Hz}}$、f ＝ 1kHz（Typ）

・1.2nV/$\sqrt{\text{Hz}}$、f ＝ 1kHz（Max）

の標準値（Typ）とワースト（Max）値が規定されている。また、f ＝ 10Hz～1MHzという広帯域条件での入力雑音実効値として、

　1.0μVrms（Typ）、1.3μVrms（Max）

が規定されている。入力換算雑音電圧のワースト値規定スペックを実効値変換しての雑音レベル実効値と2Vrms信号基準でのS/Nは次のように計算することができる。

・20kHz帯域雑音レベル：N ＝ $0.9^{-9}\sqrt{20\text{kHz}}$ ＝ 169nVrms

・20kHz帯域S/N：SNR ＝ 20Log（169^{-9}/2）＝ 141（dB）

・100kHz帯域雑音レベル：N ＝ $1.2^{-9}\sqrt{100\text{kHz}}$ ＝ 379nVrms

・100kHz帯域S/N：SNR ＝ 20Log（379^{-9}/2）＝ 134（dB）

　この計算例の通り、たとえば20kHz帯域でのCDDAプレーヤーなどのアプリケーションで141dB、ハイレゾ再生プレーヤーなどの100kHz広帯域アプリケーションで134dBと、他に比類なき非常に優れたS/N特性を得ることができる。

　また、1mVフルスケールのような低レベル信号（2Vrms信号の1/2000）とのS/Nを計算すると、次のように計算することができる。

　SNR ＝ 20Log（169nV/1mV）＝ 75.4（dB）

　すなわち、RIAAイコライザーアンプやダイナミックマイクアンプなどの対小信号、高ゲインアンプのようなアプリケーションにおいても高いS/N特性を得ることができる。

■ダイナミック特性

　図1-67にAD797のダイナミック特性スペックを示す。

Parameter	Conditions	Supply Voltage (V)	Min	AD797A Typ	Max	
DYNAMIC PERFORMANCE						
Gain Bandwidth Product	G = 1000	±15 V		110		MHz
	G = 1000²	15 V		450		MHz
–3 dB Bandwidth	G = 10	±15 V		8		MHz
Full Power Bandwidth¹	V_OUT = 20 V p-p, R_LOAD = 1 kΩ	±15 V		280		kHz
Slew Rate	R_LOAD = 1 kΩ	±15 V	12.5	20		V/μs
Settling Time to 0.0015%	10 V step	±15 V		800	1200	ns

図1-67　ダイナミック特性スペック

　ここでは規定されているダイナミック特性は次の通りである。

・ゲインバンド幅積：110MHz

・－3dB帯域幅（G＝10）：8MHz

・フルパワー帯域幅：280kHz（Vout＝20Vpp、RL＝1kΩ）

・スルーレート：20V/μsec（RL＝1kΩ）

・セトリングタイム：800nsecc（0.0015％、10VStep）

　ゲインバンド幅積の110MHzは非常に高帯域/高利得な特性であり、通常の20kHzオーディオ帯域のみならずハイレゾ再生などの100kHz広帯域アプリケーションにも余裕をもって対応できる特性である。

　図1-68にAD797のデータシート記載の開ループゲイン/位相特性グラフを示す。同図での位相特性は素の位相特性でなく、位相余裕（発信する位相となるまでの余裕度）で示されている。同図中の＊Rsは非反転入力のソース抵抗（100Ω）である。

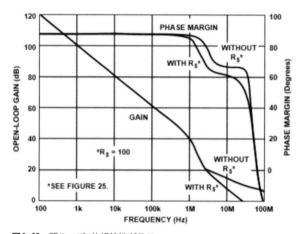

図1-68 開ループ/位相特性グラフ

　開ループゲイン特性は上図の通り驚異的な特性である。100Hzにて120dB、100kHzにて60dB、1MHzにおいても40dBの開ゲインを有している。**図1-67**のスペックシートでのゲインバンド幅積110MHzは**図1-68**のグラフの表示外となっている。同グラフのWITHOUT・Rsの曲線が100MHzで6dB程度となっているので、0dBゲインとなるのが110MHzとなると推測される。位相余裕（0°で完全に発振）特性も驚異的であり、1MHz付近まで90°の位相余裕を有し、かつ特性変化がフラットである。これは後述するスルーレート特性やセトリングタイム特性に大きく寄与している。

　－3dB帯域幅は閉ループ状態（たとえばG1の非反転バッファー回路）でフラットなゲイン特性が－3dB低下する周波数（8MHz）で、フルパワー帯域幅の280kHz、スルーレー

トの20V/μsecスペックもともに、オーディオアプリケーションでは全く心配することない領域である。高性能オペアンプICでのダイナミック特性規定で着目すべき特性はセトリングタイム（Settling Time）である。でセトリングタイムの定義については1-2-6項で解説した通りであるが、ステップ変化信号に対する過渡応答特性を判断する大きな指標となる。オーディオ用オペアンプICの中でセトリングタイム規定をしているモデルは多くないのが現状でもある。AD797の規定スペック、800nsec（0.0015%）は非常に優れているのは間違いないが、収束条件の0.0015%（規定がないが対フルスケール信号と思われる）はデジタルオーディオの16ビット量子化分解能の0.5LSB（16ビットの最小分解能で決まる理論最小振幅レベル）と同じレベルである。**図1-69**にデータシート記載のセトリングタイム実測波形を示す。

正のセトリング　　　　　　　負のセトリング

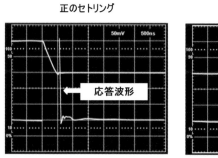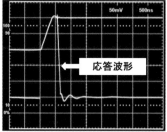

図1-69　セトリングタイム実測波形例

　このセトリングタイム測定波形は理解しにくいと思うが、簡単に言うと10Vステップ変化信号に対して、50mV/divの5/1000のスケール設定したデジタルオシロでキャプチャーした波形である。応答波形はスパイク状の遷移後、若干のリンキング応答をして収束しているが、この部分を計測している。時間軸1目盛が500nsecであるので、目視上規定の800nsecを実測しているものである。振幅軸スケールは遷移信号が10Vステップなのと、測定回路構成上ダイオードリミット回路が組み合わされているので、大振幅遷移部分はこのキャプチャー画面に表示されないことになる。結果的にスパイク状（正負の変化）の最終遷移部分（図中の正スパイクから収束するまで）を表示している。

■オーディオ特性

　AD797のTHD＋N特性スペックを**図1-70**に示す。THD＋Nと表現したが、ここで規定されているのはTHD成分のみと思われる。

　図1-70において規定パラメーターはTotal Harmonic Distortionで表現されている。規定条件は標準的なオーディオ用オペアンプICのTHD＋N特性規定と異なり、信号周波数

Parameter	Conditions	Supply Voltage (V)	AD797A			
			Min	Typ	Max	
TOTAL HARMONIC DISTORTION	R_{LOAD} = 1 kΩ, C_N = 50 pF, f = 250 kHz, 3 V rms	±15 V		−98	−90	dB
	R_{LOAD} = 1 kΩ, f = 20 kHz, 3 V rms	±15 V		−120	−110	dB

図1-70　THD特性スペック

f＝250kHzおよびf＝20kHzと測定信号周波数は非常に高い周波数（オーディオ用では1kHzが標準）での規定がされている。出力信号レベルは3Vrmsで若干高めのレベルである。また負荷抵抗条件、RL＝1kΩは相応の条件である。信号周波数f＝250kHzはオーディオ・アプリケーションとはあまり関係ないのでf＝20kHz条件に着目して％換算すると次のようになる。

・−120dB（Typ）：0.0001%

・−110dB（Max）：0.00032%

いずれの値も非常に優れたスペック値であることがわかる。THD＋N特性としてはデータシートに標準特性が掲載されている。**図1-71**にTHD＋N対レベル特性を示す。

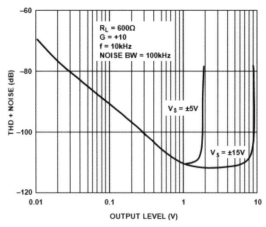

図1-71　THD＋N対信号レベル特性

測定条件は同図内に記述されているが、回路ゲイン＝＋10dB（非反転増幅）、信号周波数＝10kHz、負荷抵抗RL＝600Ω、測定帯域100kHz（図内ではNOISE BWで表示されているが、測定帯域と推測して）の各条件である。もうひとつのパラメーターとして電源電圧が±15V、±5Vの各条件でのグラフが示されている。±15電源条件では、出力信号レベル2〜3V付近、±5V電源条件では出力信号レベル1V付近がそれぞれ最良特性レベルとなっている。いずれのレベルでもTHD＋N特性は−110dB（0.00032%）と優れたTHD

＋N特性であり、この最良THD＋N特性レベルは標準的なオーディオ機器のライン出力
レベル（2Vrms）とほぼ一致している。

1-5-2　AD797動作概要とアプリケーション例

　本項ではAD797の動作概要と応用（アプリケーション回路）例について解説する。

■AD797動作概要

　図1-72にAD797データシート記載の簡略等価回路を示す。一般的な高ゲイン・オペア
ンプは初段差動入力回路に加えて合計3ステージの増幅回路で構成されるのに対して、
AD797では初段差動入力回路に高gmのゲインステージを用意し、1ステージのみの増幅
回路構成としているのが特徴である。

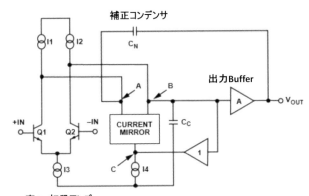

図1-72　AD797簡易等価回路

　同図において Q1、Q1のNPNトランジスター差動入力/増幅部が高gm初段増幅回路で、
カレントミラー回路には高gm伝達特性での信号が入力される。図中のノードAとノード
Bは入力信号に正確に追従し、同時に出力Buffer回路に信号が伝送される。この構成では
増幅ステージでの非直線性（THD）の発生を回避するとともに広帯域、低ノイズを両立さ
せている基本構成となっている。もうひとつのAD797のユニークな回路技術は出力から
ノードAへの外部帰還コンデンサーCNである。この回路はAC信号としての歪み（THD）
成分を逆位相でノードAに加算することにより歪み成分をキャンセルさせる機能を有して
いる。伝達特性の観点からでは、外部補正コンデンサーCNと内部位相補正コンデンサー
Ccの関係が同じ、CN＝Cc＝Cの関係が成立すると、回路の伝達特性は次のようになり、
理想的な1極オペアンプ応答特性となる。

　（Vout/Vin）＝（gm/jωC）

■歪み低減

　AD797は他のオペアンプICに比べて非常に優れたTHD＋N特性を有している。高い
ゲインと高い周波数では、ループゲインの減少によりTHDが増加する。ただし、AD797
は多くの従来型電圧帰還アンプとは異なり、ゲインと周波数が高くなったときに歪みを減
少させるための効果的な方法を提供している。この技術を使用することにより、ゲイン帯
域幅をG＝1000で450MHzまで増やし、歪みを20kHz、G＝100で−100dBに維持する
ことができる。AD797の独自のデザインにより、出力ステージの歪みが相殺される。こ
のために、実効補償容量(通常50pF)に等しい容量を、ピン8と出力との間に接続する。
この機能を使うと、クローズドループゲインが10以上で、注目する周波数が30kHzより
高い場合に、歪み性能が改善される。**図1-73**に歪み相殺機能と補償無効化機能による特
性を、**図1-74**に歪み相殺回路によるTHD＋N特性を示す。

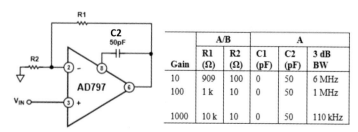

| | A/B | | A | | |
Gain	R1 (Ω)	R2 (Ω)	C1 (pF)	C2 (pF)	3 dB BW
10	909	100	0	50	6 MHz
100	1 k	10	0	50	1 MHz
1000	10 k	10	0	50	110 kHz

図1-73　AD797　歪み相殺回路と定数

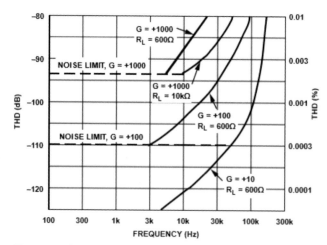

図1-74　歪み相殺回路によるTHD＋N特性

■**アプリケーション例—1**

　AD797の応用回路としては多くのものが存在するが、アプリケーション例—1として容量性負荷ドライブ回路を掲げる。AD797の容量性負荷ドライブ能力は、G＝1では20pF程度、G＝10では200pF程度しかない。従って、SCF（スイッチドキャパシターフィルター）などの入力容量が比較的大きい回路とのインターフェースでは容量性負荷への対応が必要となる。

　図1-75に容量性負荷対応回路例を示す。出力側のコンデンサーCLが規格外の大負荷容量である。同回路では帰還ループを複系統として位相余裕をシフトさせることにより、通常回路に比べて100倍程度大きな5000pF程度の容量負荷に対応することが可能である。

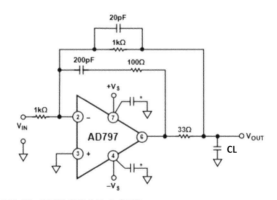

図1-75　容量性負荷ドライブ回路

■**アプリケーション例—2**

　アプリケーション例—2として、**図1-76**にAD797によるバランス入力対応MCカートリッジ用ヘッドアンプ回路を示す。

　同図は信号ゲイン20dBのAD797による差動（バランス）入力対応MCヘッドアンプ回路である。差動アンプ構成として、差動ゲインGdは抵抗比（2.2kΩ/220Ω＝10倍）で決定され、あえてMCカートリッジ出力の信号コネクターのGND側をフローティングとして差動入力としている。最近ではバランス（差動）出力型のプリアンプが登場しているようであるので、MCカートリッジのバランスアンプ伝送にも対応することができる。差動動作ではシールドケーブルのシールドと信号線のシングル信号を差動信号として扱うことにより同相ノイズを除去することができる。

　同回路では、機器間の接続、GND接続でのハムノイズ対応にGNDピンを設け、ジャンパーJPで必要に応じてGND接続ができるようにしている。MC入力のGND側をGND

に接続した場合、このアンプは反転アンプとして動作する。入力抵抗220Ωとコンデンサー 4700pF は1次 LPF を構成している。LPF のカットオフ周波数 fc は定数を変えることにより自在に設定することができる。4700pF のコンデンサーは音質対応フィルムコンデンサーの使用を推奨する。電源デカップリングはアルミ電解コンデンサーとフィルムコンデンサーをパラ接続して広帯域での低インピーダンス化を図っている。

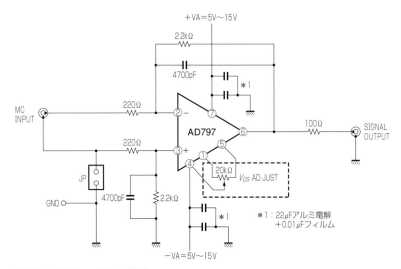

図1-76 MC用ヘッドアンプ回路

　同回路のノイズ解析をすると、AD797 の入力換算雑音スペック $0.9\text{nV}/\sqrt{\text{Hz}}$ から20kHz 帯域ノイズを計算すると約127nVrms となり、回路ノイズゲイン Gn を $1 + \text{Gd} = 11$ とすればノイズは $1.39\mu\text{V}$ となる。一方、MC カートリッジの0.3mV信号出力はゲイン倍すると $0.3\text{mV} \times 10 = 3.0\text{mV}$ となる。従って、当回路の S/N は次式で求められる。

　　$\text{SNR} = 20\text{Log}\,(1.396\mu\text{V}/3.0\text{mV}) = 66.7\,(\text{dB})$

　また周波数特性は、オペアンプ IC としては**図1-68**の開ループゲイン特性グラフから100kHz 以上の帯域でフラットな特性となるが、前述の通り、コンデンサーを追加することにより、回路としてのカットオフ周波数を制御することができる。また、入力抵抗をより低い値とすると、ソース抵抗雑音の影響をより少なくすることができる。

　同回路では DC 結合としているので、DC オフセット電圧がそのままゲイン倍されて出力信号に重畳されることになる。AD797 の入力オフセット電圧スペックは次の通りである。
・DC オフセット初期値：$25\mu\text{V}$（Typ）、$80\mu\text{V}$（Max）
・DC オフセット全温度範囲：$50\mu\text{V}$（Typ）、$125\mu\text{V}$（Max）

　これらオフセット電圧は出力信号電圧0.3mV（3000μV）に対して0.8～2.7%となる。この影響はACカップリングで解決できるが、DC結合を指針としている場合は同図の通り、オフセット電圧調整回路（半固定抵抗、ポテンショトリマー）を付加することによりオフセット電圧をキャンセル、0Vに調整することが可能である。

1-6　リニアテクノロジーのオペアンプIC　LT1115

　リニアテクノロジー社（2017年アナログ・デバイセズ社により買収）のLT1115は主にオーディオアプリケーション用に、5534型タイプオペアンプICを意識して開発されたシングル（1回路）オペアンプICである。従って、ノイズ特性（仕様）は5534型相当に低ノイズ特性を実現している。ユニークなのはシングル型のみしか製品ファミリーはなく、パッケージについてDIP型は通常の8ピンだが、SOP型は8ピンで機能可能なのに16ピンである。**図1-77**にLT1115のデータシート・フロントページ記載FEATUREなどの概要とピン配置を示す。ピン配置の基本は通常の8ピンシングル型オペアンプICと同じだが、オフセット電圧トリム用端子と、5ピンにOver-Compensation・帯域幅補正用コンデンサーの接続端子を設けている。これは、帯域補正により、短形波応答におけるオーバーシュート、アンダーシュート量を補正（少なく）する目的のものである。

FEATURES

- Voltage Noise: 1.2nV/√Hz Max at 1kHz
  0.9nV/√Hz Typ at 1kHz
- Voltage and Current Noise 100% Tested
- Gain-Bandwidth Product: 40MHz Min
- Slew Rate: 10V/μs Min
- Voltage Gain: 2 Million Min
- Low THD at 10kHz, $A_V = -10$, $R_L = 600\Omega$: 0.002%
  $V_O = 7V_{RMS}$
- Low IMD, CCIF Method, $A_V = +10$: 0.002%
  $R_L = 600\Omega$
  $V_O = 7V_{RMS}$

APPLICATIONS

- High Quality Audio Preamplifiers
- Low Noise Microphone Preamplifiers
- Very Low Noise Instrumentation Amplifiers
- Low Noise Frequency Synthesizers
- Infrared Detector Amplifiers
- Hydrophone Amplifiers
- Low Distortion Oscillators

DESCRIPTION

The LT®1115 is the lowest noise audio operational amplifier available. This ultralow noise performance (0.9nV/√Hz at 1kHz) is combined with high slew rates (>15V/μs) and very low distortion specifications.

The RIAA circuit shown below using the LT1115 has very low distortion and little deviation from ideal RIAA response (see graph).

LTC and LT are registered trademarks of Linear Technology Corporation.

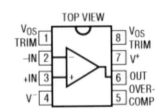

図1-77　LT1115概要

1-6-1　LT1115主要特性

本項ではLT1115各主要特性とその概要と特徴について解説する。

図1-78および図1-79にLT1115データシート記載のスペックシートを示す。一般的なオペアンプICと規定項目がやや異なるが、必要な情報（スペック）は規定されている。図1-77においてはTHD特性、入力オフセット電圧、入力オフセット電流、入力雑音電圧などが規定されている。また、図1-78においては開ループゲイン特性、CMR、出力電圧、スルーレート、ゲイン帯域幅特性、出力インピーダンスなどが規定されている。いずれの場合も電源電圧＝±18V、周囲温度＝＋25℃条件であることはスペック条件で規定されている。

SYMBOL	PARAMETER	CONDITIONS	MIN	TYP	MAX	UNITS
THD	Total Harmonic Distortion at 10kHz	$A_V = -10$, $V_O = 7V_{RMS}$, $R_L = 600$		< 0.002		%
IMD	Inter-Modulation Distortion (CCIF)	$A_V = 10$, $V_O = 7V_{RMS}$, $R_L = 600$		< 0.0002		%
V_{OS}	Input Offset Voltage	(Note 2)		50	200	μV
I_{OS}	Input Offset Current	$V_{CM} = 0V$		30	200	nA
I_B	Input Bias Current	$V_{CM} = 0V$		±50	±380	nA
e_n	Input Noise Voltage Density	$f_O = 10Hz$ $f_O = 1000Hz$, 100% tested		1.0 0.9	1.2	nV/√Hz nV/√Hz
	Wideband Noise	DC to 20kHz		120		nV$_{RMS}$
	Corresponding Voltage Level re 0.775V			−136		dB
i_n	Input Noise Current Density (Note 3)	$f_O = 10Hz$ $f_O = 1000Hz$, 100% tested		4.7 1.2	2.2	pA/√Hz pA/√Hz

図1-78　LT1115規定スペック―1

SYMBOL	PARAMETER	CONDITIONS	MIN	TYP	MAX	UNITS
CMRR	Common Mode Rejection Ratio	$V_{CM} = ±13.5V$	104	123		dB
PSRR	Power Supply Rejection Ratio	$V_S = ±4V$ to ±19V	104	126		dB
A_{VOL}	Large-Signal Voltage Gain	$R_L ≥ 2kΩ$, $V_O = ±14.5V$ $R_L ≥ 1kΩ$, $V_O = ±13V$ $R_L ≥ 600Ω$, $V_O = ±10V$	2.0 1.5 1.0	20 15 10		V/μV V/μV V/μV
V_{OUT}	Maximum Output Voltage Swing	No Load $R_L ≥ 2kΩ$ $R_L ≥ 600Ω$	±15.5 ±14.5 ±11.0	±16.5 ±15.5 ±14.5		V V V
SR	Slew Rate	$A_{VCL} = -1$	10	15		V/μs
GBW	Gain-Bandwidth Product	$f_O = 20kHz$ (Note 4)	40	70		MHz
Z_O	Open Loop Output Impedance	$V_O = 0$, $I_O = 0$		70		Ω
I_S	Supply Current			8.5	11.5	mA

図1-79　LT1115規定スペック―2

■オフセット電圧とバイアス電流

LT1115のオフセット電圧はデータシートから、

・オフセット電圧初期値：±75μV（Typ）、±280μV（Max）

・オフセット電圧温度ドリフト：0.5μV/℃

で規定されている。オフセット電圧はワーストでも 1mV 未満であり、ほとんどのアプリケーションで問題ないレベルと言える。より、低オフセットが要求される場合はオフセットトリマーを追加することでオフセット電圧を最小化することが可能である。

　また、バイアス電流は、

・バイアス電流：$\pm$70nA（TYP）、$\pm$550nA（MAX）

で規定されており、一般的な FET 入力に比べて大きな値である。実アプリケーションにおいては、入力抵抗値はなるべく小さいほうが有利であるが、入力抵抗値上限についてはノイズ特性と併せて別途考察する必要がある。

■電源電圧と出力電圧

　LT1115 の AC、DC 各特性・仕様規定における電源電圧条件は $\pm$18V で規定されている。電源電圧最大値は $\pm$22V で、これらは他の一般的なオペアンプ IC に比べて高めの値となっている。この背景には主にプロオーディオや放送・スタジオ機器でのアプリケーションを考慮しているものと推測できる。データシート上で電源電圧の最小値規定がないのもユニークなところである。他の特性も考慮して、このオペアンプは $\pm$15〜$\pm$18V のバイポーラー電源で動作させるのが推奨される。出力電圧、出力信号振幅は負荷条件による依存性が高くなっている。$\pm$18V 電源における全温度範囲での出力電圧規定値を次に示す。

・無負荷（RL = 0）：$\pm$16.3V（TYP）、$\pm$15V（MIN）

・RL > 2kΩ：$\pm$15.3V（TYP）、$\pm$13.8V（MIN）

・RL > 600Ω：$\pm$14.3V（TYP）、$\pm$10V（MIN）

　前述の通り、電源条件は $\pm$18V であるが、当然コンシューマ用途では $\pm$15V 電源でも使用できる。

■ノイズ特性

　LT1115 のノイズ特性は雑音スペクトラム密度で規定されている。特筆すべきは、データシートに特記事項として、「100% Tested」と記載されており、これはワースト保証値が設計としての保証ではなく、出荷テスト時にノイズを実測定して保証していることを意味している。これはユーザーにとって信頼のおける仕様と言える。規定値は f = 1kHz 条件で次のように規定されている。

・TYP：0.9nV/$\sqrt{\text{Hz}}$

・MAX：1.2nV/$\sqrt{\text{Hz}}$

　これは 5534 型オペアンプに比べても半分以下の低ノイズ特性となっている。

　このノイズ特性を 20kHz 帯域での入力換算ノイズ Vn（MAX）実効値を計算すると、次のようになる。

$$\text{Vn} = 1.2\text{nV}/\sqrt{20\text{kHz}} = 170\text{nV}$$

このノイズレベルを2Vrms信号とのS/Nとして計算すると次のようになる。

$$\text{SNR} = 20\text{Log}(170\text{nV}/2\text{V}) = 141.4(\text{dB})$$

　この値は低ノイズ品の中でも優れた低ノイズ特性と判断できる。しかも100% Testedの保証値である。ただし、ノイズ特性は入力信号源抵抗Rsに大きく依存するので、信号源抵抗Rsには実設計上配慮する必要がある。LT1115のノイズ特性を簡単に把握するにはデータシート記載の標準特性グラフが活用できる。

　図1-80にLT1115のノイズ特性グラフを示す。図1-78の左側はノイズ実効値対帯域幅特性である。当然帯域幅が広くなるとノイズ実効値も増えるが、同特性グラフから100kHz帯域でもノイズ実効値は0.3μVrmsの低ノイズであることがわかる。図1-78の右側はソース抵抗・Rs対雑音スペクトラム密度特性である。同特性グラフでは、ソース抵抗値をパラメーターに周波数＝10Hz、周波数＝1kHzのグラフ線とソース抵抗のみ（2Rs Noise Only）の3条件での特性グラフが示されている。

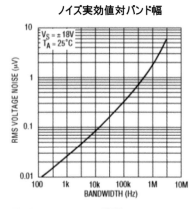

図1-80 LT1115ノイズ特性

■帯域幅とスルーレート

　LT1115のゲイン帯域幅積GBWはデータシート上40MHz（MIN）、70MHz（TYP）で規定されており、比較的高帯域と言える。また、スルーレートSRは、10V/usec（MIN）、15V/usecで相応の応答性を備えていると言える。しかし、これらは素直な広帯域特性ではなさそうである。これは、Over-Compensation端子が用意されていることと、データシートの標準特性グラフからも判断できる。図1-81にLT1115の開ループゲイン特性（左側）、開ループゲイン/位相特性（右側）グラフを示す。

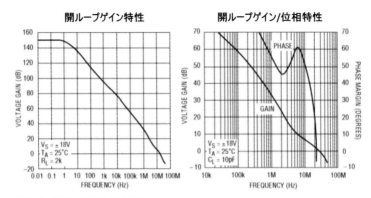

図1-81　開ループ/ゲイン特性

　同グラフでの注目は右側の位相特性で、2〜8MHzのエリアで逆特性を示し、Gv＝0dB
での位相余裕がほとんどないことである。従って、実回路では帰還ループに位相補償を実
行する外部補償コンデンサー接続が、安定動作のために必要となる。**図1-82**は
Over-Compensation容量値（5ピンと出力間に接続）に対する、f＝20kHzにおけるゲイ
ンとスルーレート SR の関係をグラフで示したものである。補償容量が大きいほどゲイン
とスルーレートは小さくなるが、推測として位相余裕は改善され、安定動作が期待される
と思われる。

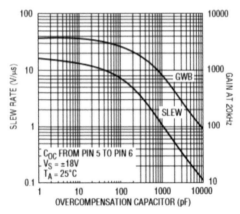

図1-82　補償コンデンサー容量対応答特性例

　この検証には短形波応答特性がひとつの目安となる。データシートをよく見ると、ちゃ
んとこれが示されている。**図1-83**にステップ（短形波）応答特性図を示す。

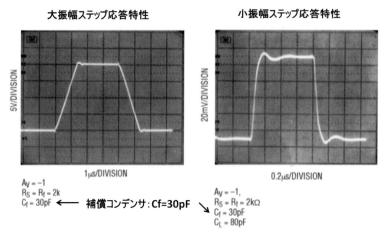

図1-83　ステップ（短形波）応答特性

　データシート上に解説はないが、このグラフでのCfは補正コンデンサーを意味しており、Cf＝30pFが最適値であるかは条件により異なる、5534型などでの経験から言うと、Cf＝10〜47pFとして使用するのが推奨される。確実性のためには実装検証が必要である。

■THD＋N特性

　LT1115の歪み特性は、オーディオアプリケーションで一般的に用いられているTHD（＋N）特性と、いわゆる相互混変調歪みIMD（Inter Modulated Distortion、CCIR規格）の両方が規定されている。

　IMDは通信やプロオーディオ分野では必要な仕様となる場合があり、これを想定しての規定と言える。一般的なオーディオアプリケーションでの重要なTHD特性は、Av＝10、Vo＝7Vrms、RL＝600Ω条件にて、0.002%（TYP）で規定されている。

　データシートでの仕様では、「THD」で表現されており、「＋N」を含んでいるか明確でないが、標準特性グラフでは「THD＋NOISE」で表示されているので、0.002%の値は一般的な「THD＋N」と判断できる。

　図1-84にLT1115の反転アンプTHD＋N特性（対周波数）グラフを示す。左側はゲイン＝−10（20dB）、右側はゲイン＝−100（40dB）、いずれも比較的大振幅出力（20Vpp、7Vrms）条件でのものである。

　出力電圧Voutはいずれも7Vrms（20Vpp）で比較的大振幅レベルである。信号周波数1kHzにて、A＝−10条件では0.0006%、A＝−100条件では0.002%の低THD＋N特性である。

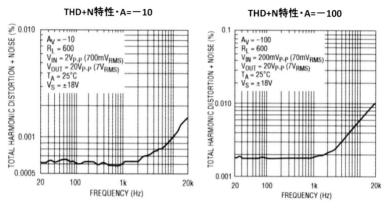

図1-84　反転アンプTHD＋*N*特性

　図1-85に同様に、非反転反転アンプTHD＋*N*特性（対周波数）グラフを示す。左側は
ゲイン＝10（20dB）、右側はゲイン＝100（40dB）、信号レベルも反転アンプと同様に比
較的大振幅出力（20Vpp、7Vrms）条件でのものである。

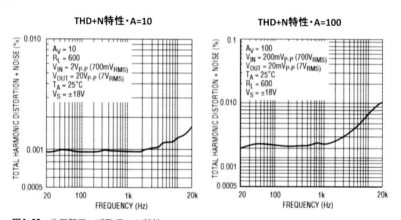

図1-85　非反転アンプTHD＋*N*特性

　非反転アンプでは反転アンプよりも若干THD＋*N*特性は劣化する。信号周波数1kHz
にて、A＝10条件では0.001%、A＝100条件では0.002%の低THD＋*N*特性である。
　いずれの場合も他のオーディオ用オペアンプに比べるとやや大きめなTHD＋*N*値であ
るが、規定条件が大振幅、低負荷（RL＝600Ω）なので、実アプリケーションでは規定値
よりも良くなると思われる。回路構成としては反転、非反転の区別では非反転アンプ構成

の方が優位となっている。また、THD＋N測定帯域条件（LPF条件を含む）が記載されていないので、20kHz・LPFでの条件での実装確認が必要となる。

1-6-2　LT1115アプリケーション例

　LT1115データシートには多くのアプリケーション回路例が掲載されており、目的のアプリケーション回路もしくは近似する応用例を見ることができる。本項ではこれらのアプリケーション例のいくつかについて解説する。

■アプリケーション例―1

　図1-86にアプリケーション例―1としてMC入力対応RIAAイコライザーアンプ回路を示す。同図の通り、同RIAAイコライザー回路は2段ゲインアンプ＋CRイコライザー回路で構成されている。初段アンプには超低ノイズ特性が要求されるのでLT1115が用いられている。初段非反転入力回路の100ΩはMCカートリッジの低インピーダンス出力とのマッチング用抵抗で、0.01μFコンデンサーは高域ノイズ除去用に用いられている。初段回路のゲインG1は次式で求められる。

$$G1 = 20Log(1 + 2490/12.1) = 46.31(dB)$$

　また、出力段回路のゲインG2は次式で求められる。

$$G2 = 20Log(1 + 10000/499) = 24.46(dB)$$

　総合ゲインはこれらのゲイン計算から約70dBとなるが、RIAAイコライザー部（CRフィルター）の減衰特性が組み合わされるので、周波数f＝1kHzにおけるAC信号に対する総合ゲインは約53（dB）となる。

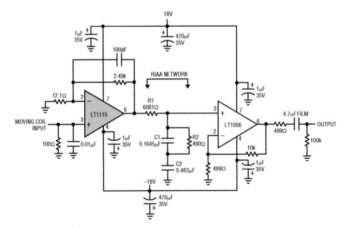

図1-86　MC入力RIAAイコライザーアンプ回路例

　図1-87にRIAAイコライザーアンプ回路の実特性例を示す。同図左側はRIAA周波数偏差特性で±0.1%未満（dB換算±0.01dB未満）である。ただし、これは使用するCRコンポーネントの定数精度により影響される。同図右側はTHD＋N対周波数特性で、20Hz～20kHzの周波数範囲で0.01%未満の低THD特性を実現している。

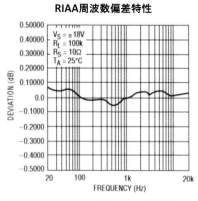

図1-87　RIAAイコライザーアンプ特性例

■アプリケーション例—2

　LT1115のアプリケーション例—2として、**図1-88**にトランス結合型高性能マイクロフォンプリアンプへの応用回路例を示す。LT1115は初段低ノイズアンプとして用いている。出力のLT1010は高速バッファーアンプで±150mAの出力電流をドライブできる。LT1097はDCサーボアンプで入力DCオフセットキャンセル用である。回路ゲインはLT1115の反転入力に接続されている4.99Ω抵抗と2.5kΩのゲイン制御用可変抵抗の抵抗値とバッファーアンプLT1010の出力から帰還抵抗2.49kΩとの比で決定される。可変抵抗値の最小値（0Ω）での最大ゲインGmaxは、

　Gmax ＝ 20Log（1 ＋ 2.49kΩ/4.99Ω）＝ 54（dB）

となる。また、可変抵抗最大値（2.5kΩ）の最小ゲインGminは、

　Gmin ＝ 20Log（1 ＋ 2.49kΩ/2.5kΩ）＝ 6（dB）

となる。入力トランスの入力側は150Ωインピーダンスを想定しており、出力側トランスは600Ω負荷を想定している。

　同回路において、初段LT1115と出力段LT1010の間にはインピーダンス補正と低THD＋N特性を得るためのアイドリング定電流回路（2mA）回路が組み込まれているが、動作詳細は不明である。

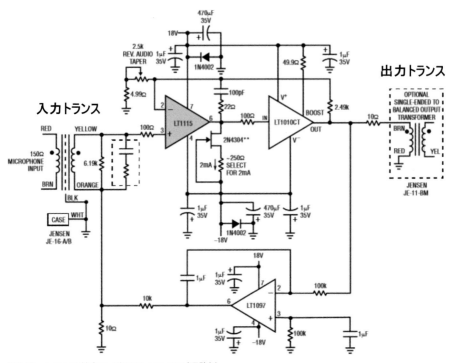

図1-88　トランス結合マイクロフォンアンプ回路例

　図1-89 に同回路における THD ＋ N 対周波数特性例を示す（Vin ＝ 500mV、Vout ＝ 5V、従ってゲイン ＝ 10倍）。同図からあきらかなように、周波数 20Hz 〜20kHz における THD ＋ N 値は 0.0005% 以下の高性能である。

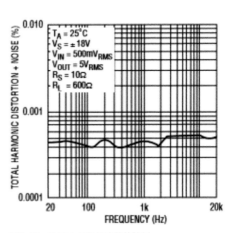

図1-89　THD ＋ N 対周波数特性例

■**アプリケーション例―3**

　図1-90にアプリケーション例―3として、トランスレス型バランス入力マイクロフォンアンプ回路例を示す。バランスアンプでは同相分除去比（CMRR、Common Mode Rejection Ratio）は、入力側抵抗R1、R2と出力側抵抗R3、R4の各抵抗精度に依存するので、0.1%の高精度抵抗の使用が推奨される。差動回路ゲインGDPは次式で示される。

$$\text{GDP} = 20\text{Log}(316\text{k}\Omega/1\text{k}\Omega) \fallingdotseq 50\,(\text{dB})$$

　入力オフセット電圧もゲイン倍されるので、当回路では出力側にDCカット用AC結合コンデンサー（4.7μFフィルムコンデンサー）が接続されている。

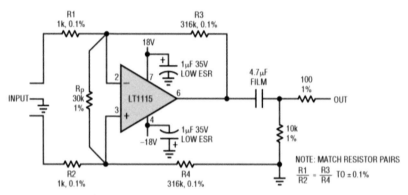

図1-90　バランス入力マイクアンプ回路例

1-7　マキシムのオペアンプIC　MAX4475シリーズ

　MAX4475ファミリーはオーディオファンの中ではあまり馴染みのないオペアンプICである。MAXIM社は、産業・工業用の高精度リニアICをメインとする米国半導体メーカーであるので、HiFiオーディオ分野での製品群が少ないこともある。今回同製品を取り上げたのは（『MJ無線と実験』2011年5月号に掲載）、オーディオアプリケーションにおいて、このオペアンプICの特性の特徴からユニークな応用法も考えられるとの判断による。

　図1-91にデータシート・フロントページの抜粋とパッケージ部を、**図1-92**にMAX4475ファミリーの概要を示す。当製品ではSOT23という6ピンの小型表面実装型パッケージが用意されているのも特徴のひとつである。

Features

- ◆ Low Input Voltage-Noise Density: 4.5nV/√Hz
- ◆ Low Input Current-Noise Density: 0.5fA/√Hz
- ◆ Low Distortion: 0.0002% THD+N (1kΩ load)
- ◆ Single-Supply Operation from +2.7V to +5.5V
- ◆ Input Common-Mode Voltage Range Includes Ground
- ◆ Rail-to-Rail Output Swings with a 1kΩ Load
- ◆ 10MHz GBW Product, Unity-Gain Stable (MAX4475–MAX4478)
- ◆ 42MHz GBW Product, Stable with A_V ≥ +5V/V (MAX4488/MAX4489)
- ◆ Excellent DC Characteristics

  V_{OS} = 70μV

  I_{BIAS} = 1pA

  Large-Signal Voltage Gain = 120dB
- ◆ Low-Power Shutdown Mode:

  Reduces Supply Current to 0.01μA

  Places Output in High-Impedance State
- ◆ Available in Space-Saving SOT23, TDFN, μMAX®, and TSSOP Packages

Applications

ADC Buffers

DAC Output Amplifiers

Low-Noise Microphone/Preamplifiers

Digital Scales

Strain Gauges/Sensor Amplifiers

Medical Instrumentation

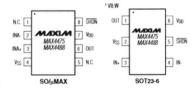

図1-91　MAX4475概要

PART	GAIN BW (MHz)	STABLE GAIN (V/V)	NO. OF AMPS	SHDN
MAX4475	10	1	1	Yes
MAX4476	10	1	1	—
MAX4477	10	1	2	—
MAX4478	10	1	4	—
MAX4488	42	5	1	Yes
MAX4489	42	5	2	—

図1-92　MAX4475ファミリー概要

1-7-1　MAX4475の主要特性

　MAX4475のデータシート・フロントページ記載のFeaturesは**図1-91**に示した通りである。MAX4475のいくつかの特徴の中で、オーディオアプリケーションでの注目すべきものは次の通りである、

・低ノイズ（4.5nV/√Hz）

・低THD＋N特性（0.0002%）

・10MHzゲイン帯域幅

・Rail-to-Rail出力

・低オフセット電圧/バイアス電流

・パワーダウン動作/ハイ・インピーダンス状態（SHDN機能）

などが掲げられる。すなわち、低電圧動作が要求されるポータブルオーディオ機器などの
アプリケーションで、低ノイズ特性、低THD＋N特性、オーディオで十分な帯域幅特性、
かつ、信号振幅をRail-to-Rail（出力電圧振幅レベルをほぼ動作電源電圧レベルがほぼ同
等の特性を意味する）出力で使うことができることを大きな特徴としている。オーディオ
特性ではないが、制御機能としてのパワーダウン動作時に出力状態をハイインピーダンス
ステートとできる（SHDN）機能もポータブル機器などにおいて有益なものである。

■DC特性

　MAX4475のDC特性、入力オフセット電圧、入力バイアス電流の初期値はそれぞれ、
次のように規定されている。

・入力オフセット電圧：±70μV（Typ）、±350μV（Max）

・入力バイアス電流：±1pA（Typ）、±150pA（Max）

　これらのDC特性は非常に優れている。入力オフセット電圧はワーストでも、±350μV
と1mV未満であり、DCオフセット電圧に対する特別な対処を必要としないで、ほとんど
のアプリケーションに対応することが可能である。一方、入力バイアス電流は標準（Typ）
±1pAと、これもきわめて低バイアス電流である。Typ値とMax値との差異が大きいのは、
バイアス電流仕様が設計値保証となっており、バイアス電流を決定する要素に対する物理
的検証（シュミレーション）値と＋マージン値を多くとっているためと推測できる。また、
差動入力インピーダンスは1000GΩ（Typ）で規定されており、ほとんどの入力信号源ソ
ース・インピーダンスに対応可能である。データシートに記載はないが、入力回路素子は
当然FETと推測できる。

■ノイズ特性

　MAX4475の入力換算ノイズ（雑音スペクトラム密度）はf＝1kHzにおいて、次のよう
に規定されている。

・入力電圧ノイズ：21nV/$\sqrt{\text{Hz}}$（Typ）、f＝10Hz

・入力電圧ノイズ：4.5nV/$\sqrt{\text{Hz}}$（Typ）、f＝1kHz

・入力電圧ノイズ：3.5nV/$\sqrt{\text{Hz}}$（Typ）、f＝30kHz

・入力電流ノイズ：0.5fA/$\sqrt{\text{Hz}}$（Typ）

　入力電流ノイズはほとんど影響ない微小レベルであり、入力電圧ノイズは低電圧動作オ
ペアンプの中でも低ノイズ特性であると言える。20kHz帯域幅での入力換算ノイズ実効
値Vnは次式で求められる。

$$Vn = 4.5nV/\sqrt{20kHz} = 0.636(\mu Vrms)$$

　MAX4115は単一電源動作なので、2Vrmsの信号レベルは扱うことができない。＋3V

電源で動作し、2Vpp（0.707Vrms）をフルスケールとする信号を想定してのS/N・SNRは次式で求められる。

$$\text{SNR} = 20\text{Log}(0.636\mu\text{V}/0.707\text{V}) = 120.9(\text{dB})$$

この値は単一電源、低電圧（＋3V）動作というS/N特性に不利な動作条件においても、「低ノイズ」であることを意味している。

図1-93にデータシート記載のノイズ特性グラフ、ノイズスペクトラム密度対周波数（左側）、ノイズ実測波形（右側）をそれぞれ示す。

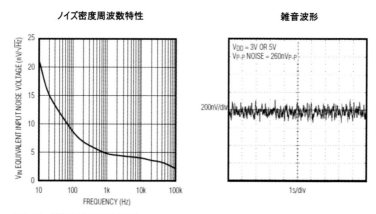

ノイズ密度周波数特性　　　　　　　　　　雑音波形

図1-93　雑音特性グラフ/波形

同図左側、ノイズ雑音スペクトラム密度グラフより、ノイズ特性は非常に低いレベルであり周波数f＝1kHz条件では、仕様で規定している4.5nV/√Hzとほぼ同じレベルであることがわかる。また、周波数が1kHzより低い領域では10Hzの帯域までノイズが上昇している。これはフリッカー雑音領域で一般的な1/f特性を示している。

同図右側は、10Hz未満の周波数領域、0.1Hz～10Hz帯域でのノイズ波形を示している。グラフより、ノイズレベルは約260nVppとなっているが、これはACカップルなしでの実回路においても低域ノイズの影響がかなり小さいことを意味しており、この低ノイズ特性は動作電源電圧＝3Vと低電源電圧条件でも相応のS/Nが得られる、MAX4475の大きな特徴のひとつと言える。

■ダイナミック特性

MAX4475のダイナミック特性は、一般的なバイポーラー動作オペアンプICに比べても遜色の無い優れた特性を有している。電源電圧＝＋5V条件における主要ダイナミック特性の仕様（抜粋）を図1-94に掲げる。

PARAMETER	SYMBOL	CONDITIONS		MIN	TYP	MAX	UNITS
Gain-Bandwidth Product	GBWP	MAX4475–MAX4478	Av = +1V/V		10		MHz
		MAX4488/MAX4489	Av = +5V/V		42		
Slew Rate	SR	MAX4475–MAX4478	Av = +1V/V		3		V/µs
		MAX4488/MAX4489	Av = +5V/V		10		
Full-Power Bandwidth (Note 5)		MAX4475–MAX4478	Av = +1V/V		0.4		MHz
		MAX4488/MAX4489	Av = +5V/V		1.25		
Peak-to-Peak Input Noise Voltage	$e_{n(P-P)}$	f = 0.1Hz to 10Hz			260		nVp-p
Total Harmonic Distortion Plus Noise (Note 6)	THD + N	V_{OUT} = 2Vp-p, Av = +5V/V (MAX4488/MAX4489), R_L = 1kΩ to GND	f = 1kHz		0.0005		%
			f = 20kHz		0.008		
Capacitive-Load Stability		No sustained oscillations			200		pF
Gain Margin	GM				12		dB
Phase Margin	ΦM	MAX4475–MAX4478, Av = +1V/V			70		degrees
		MAX4488/MAX4489, Av = +5V/V			80		
Settling Time		To 0.01%, V_{OUT} = 2V step			2		µs

図1-94　主要ダイナミック特性（抜粋）

　同図より各主要ダイナミック特性は次の通り規定されている。各スペック値は全て標準値（Typ）であり保証値ではない。
・ゲインバンド幅積：10MHz
・スルーレート：3V/µsec（Av + 1V/V）
・フルパワー帯域幅：0.4MHz（Av + 1V/V）
・THD + N：0.0005%（f = 1kHz）
　　　　　　0.008%（f = 20kHz）
・容量性負荷許容値：200pF
・位相マージン：70°（Av + 1V/V）
・セトリングタイム：2µsec（2Vstep、0.01%精度）
　ゲイン帯域幅積10MHzの特性は5532型オペアンプと同じ値であり、一般的なオーディオ・アプリケーションでの信号帯域は十分カバーできる範囲である。ユニティゲイン（Av = 1）周波数での位相余裕は70°で規定されているので、安定度の面でも特に問題はないと言える。ゲイン/位相対周波数特性グラフを**図1-95**に示す。同図では周波数100Hz未満の低周波数領域は省略されているが、からゲイン帯域幅積と位相特性は**図1-94**のスペックシート記載と同じであることがわかる。
　スルーレート特性3V/µsecは決して高い値ではないが、20kHz最大のオーディオ信号を扱う上では問題ないレベルと言える。フルパワー帯域幅は、データシート記載のNOTEで、ゲイン＋2倍、出力信号レベルが2Vppの条件で規定されており、0.4MHz = 400kHz

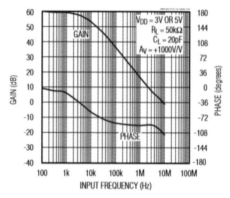

図1-95　ゲイン/位相周波数特性

であるから、同様にほとんどのオーディオ信号帯域に対応できると言える。

　ステップ応答は負荷条件や帰還ループ内補正コンデンサー容量により影響される。**図1-96**にステップ応答は計例を示す。**図1-96**から明らかなように、オーバーシュート/アンダーシュート量は目測ではほとんどないレベルであり、セトリングタイムを規定していることに相応したステップ応答特性となっていると言える。**図1-96**の回路条件についての記述がないが、反転アンプ構成の場合は後述するように、位相補正コンデンサーが必要となる。セトリングタイムに関しては、0.01%精度、2Vステップ条件であるが、2μsec（Typ）で規定されている。16ビット分解能の理論精度である±0.0015%へのセトリングタイムは、これより長時間となることが予測できるが、残念ながらこの精度での代表的特性グラフなどの記載がない。従って、セトリングタイムが重要となるアプリケーションでは実装での検証が必要となる。

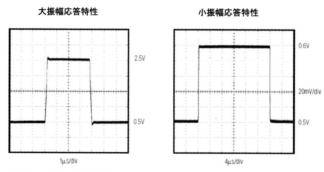

図1-96　ステップ応答特性

■THD＋N特性

　MAX4475データシート記載のTHD＋N特性は、0.0002%（TYP、負荷RL＝10kΩ、Av＝＋1V/V、Vout＝2Vpp、信号周波数＝1kHz）で規定されている。測定帯域、測定フィルター条件などについては記述がないが、対周波数、対出力レベルなどのパラメーターでのTHD＋N特性グラフもデータシートに記載されており、これらのグラフ内では測定帯域が記述されている。**図1-97**にデータシート記載にTHD＋N対信号レベル特性（左側）、THD＋N対信号周波数（右側）をそれぞれ示す。

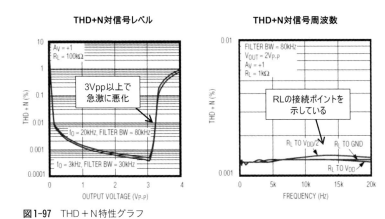

図1-97　THD＋N特性グラフ

　同図左側、対信号レベル特性においては、仕様規定条件と異なる条件での対信号出力レベルでのTHD＋N特性である。ゲインは＋1で同じであるが、負荷抵抗RL＝100kΩとなっており、信号周波数と測定帯域については2種類のものが示されており、
・信号周波数f＝3kHz、測定帯域BW＝30kHz
・信号周波数f＝20kHz、測定帯域BW＝80kHz
の各条件が示されている。同図から、出力信号レベル3Vpp付近が最良ポイントで、3〜4Vppの領域では急激にTHD＋N特性が悪化している。すなわち、低THD＋N特性を活かした応用には、信号レベルを3Vpp以下とすることが望ましいことを示している。また、2種類の条件での特性差異はほとんどない。特に、測定帯域の違い30kHzと80kHzではかなりの差異があるところだが、同図ではほぼ同じである。この特性の意味することは、帯域幅との関数で大きくなるノイズ、＋N成分の影響があまりないということであり、これはTHD＋N値の中で、＋Nに比べて歪みであるTHD成分が支配的であると推測することができる。

　一方、同図右側の対信号周波数グラフでは、測定帯域を80kHz、信号出力レベルVo＝

2Vpp、負荷抵抗RL＝1kΩ固定として、負荷抵抗RLの接続ポイント別（対電源VDD、対GND、対1/2VDD）でのTHD＋N特性対周波数特性を示している。この条件でのTHD＋N値は0.002%未満であり、いずれの場合も良好な値を示している。総合的には、MAX4475のTHD＋N特性は、ポータブルオーディオ等でのアプリケーションにおいては低THD＋N特性に分類できる高性能であると言える。

■電源条件と出力ドライブ

　MAX4475は単一低電源動作を前提にデザインされている。電源条件は次のように規定されている。

・動作電源電圧範囲：＋2.7V〜＋5.5V
・電源電流：2.2mA（TYP、VDD＝＋3V）
　　　　　　2.5mA（TYP）、4.4mA（MAX）、VDD＝＋5V

　電源電流は1回路あたりのものであるので、デュアル型（2回路入り、MAX4477）では2倍の値になる。消費電力的には特に低消費電力タイプではない、パワーダウン機能が用意されているMAX4475では、パワーダウン時の電源電流は、0.01μA（Typ）、1μA（Max）で規定されており、相応パワーセーブの効果を得ることができる。また、パワーダウン時の出力はハイインピーダンス状態（リーク電流の最大値±1μA）となり、この機能は実アプリケーションで応用することができる。

　余談であるが、電源電流規定で＋3VではTyp値のみ、＋5Vでは、Max値も規定されているのは、デバイスの出荷テストが＋5Vで実施されていることからの規定である。逆に言うと＋3Vでの出荷テストはしておらず、保証ができないことから実力値（TYP）表示のみとなっていると思われる。

　次に出力特性であるが、**図1-98**にMAX4475の出力特性スペックを示す。

PARAMETER	SYMBOL	CONDITIONS		MIN	TYP	MAX	UNITS
Output Voltage Swing	VOUT	|VIN+ - VIN-| ≥ 10mV, RL = 10kΩ to VDD/2	VDD - VOH		10	45	mV
			VOL - VSS		10	40	
		|VIN+ - VIN-| ≥ 10mV, RL = 1kΩ to VDD/2	VDD - VOH		80	200	
			VOL - VSS		50	150	
		|VIN+ - VIN-| ≥ 10mV, RL = 500Ω to VDD/2	VDD - VOH		100	300	
			VOL - VSS		80	250	
Output Short-Circuit Current	ISC				48		mA

図1-98　出力特性

　ドライブであるが、出力Rail-to-Railを記述していることもあり、電源条件、負荷条件の差異による出力信号電圧振幅がTyp値、Max値で規定されている。**図1-98**にデータシートにおける出力振幅仕様（抜粋）を示す。同図において、

・VDD：電源電圧
・VOH：電源側出力振幅
・VOL：GND側出力振幅
・VSS：GND電位

とそれぞれ定義している。これらの各スペックは、負荷条件 RL = 10kΩ、RL = 1kΩ、RL = 500Ω の各条件でのものが規定されている。ここでは、RL = 1kΩ（対 1/2 VDD 接続）条件での仕様を例に説明する。VDD−VOH は、電源電圧に対して電源電圧側の最大振幅で、200mV・MAX となっている。これは電源電圧が ＋5V であれば、＋5V − 0.2V = ＋4.8V まで振幅を得ることができることを意味している（Max 値なので保証値）。同様に、VOL−VSS は、GND 側の最大振幅で、150mV・MAX となっている。従って、＋0.15V が GND 側の最大振幅となる。総合すると、＋5V 電源条件では、

　　出力電圧最大振幅：＋0.15V ～ ＋4.8V = 4.65V（p-p）

が出力最大振幅の保証値となる。同様に ＋3V 電源条件では、＋0.15V ～ ＋2.8V が出力最大振幅となる。この出力特性は一般的なオペアンプ IC に比べて、電源-GND 間電圧振幅に近い出力振幅特性となる。すなわち、電源-GND 間を鉄道レールになぞらえ、その幅とほぼ同等の出力振幅特性を得ることができるので、業界ではこれを「Rail-To-Rail」特性と分類呼称している。

　出力のドライブ能力については仕様規定がない。標準特性グラフや他の特性規定での負荷抵抗 RL 条件から判断すれば、RL ＞ 1kΩ 条件の負荷に対しては特に問題なくドライブ可能と推測できる。ただし、バランス伝送における 600Ω 負荷については無理と判断できる。最も、このオペアンプ IC をあえてドライブバッファーなどに用いることはないので、その場合は他のオペアンプ IC の出番である。

■位相補償

　しかしながら、基本応用回路としての非反転アンプにおいては位相補正が必要となる。

　図1-99 に非反転アンプ回路での位相補償例を示す。オペアンプ IC 自身はユニティゲインでの安定動作補償がされているが、低ゲイン（Av = ＋1 ～ ＋2）回路では帰還量が増えることにより周波数位相特性の位相マージンが少なくなる。図1-99 において、位相補償コンデンサー Cz は信号位相に対してはフィードフォワード効果として機能し、結果的に、より回路の安定性を向上させることができる。この位相補償の効果はステップ応答特性で比較することができる。図1-100 に位相補償有無による小信号ステップ応答特性例を示す。同図左側は位相補償なし、同図右側は位相補償ありをそれぞれ示している。位相補償の効果は同図から明らかで、ステップ応答でのオーバーシュート / リンキング状態の違いの大きさを確認することができる。位相補償コンデンサー Cz はその推奨値が示されており、

下式を適用できる。

$Cz = 10 (RF/RG) \{pF\}$

　たとえば、RF/ = RG = 20kΩであれば、Cz = 10 (20k/20k) = 20pFとなる。ただし、この位相補償Czは回路の抵抗ネットワークとしての総合値RF∥RGが20kΩ以上の場合に適用されるものであるが、当該条件以外の回路定数に場合においても検証することが推奨される。

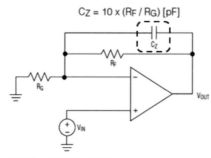

図1-99　位相補償回路例

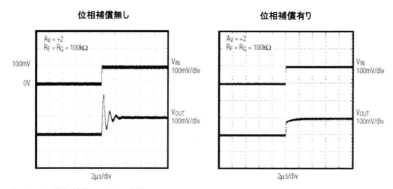

図1-100　位相補償ステップ応答特性例

1-7-2　MAX4475アプリケーション例

　MAX4475は＋3V単一電源動作にて、相応の低THD＋N特性、低ノイズ特性、十分なオーディオ周波数帯域特性を有しているのが特徴である。従って、携帯、ポータブル型のオーディオアプリケーションへの応用に最適なオペアンプと言える。

■アプリケーション例—1

実アプリケーション機器としてMAX4475を活用できるオーディオ機器としては、ポータブル型のオーディオレコーダーが代表例として掲げられる。**図1-101**にポータブルレコーダー機器への応用例のブロック図を示す。アナログ部の基本構成は、A/D変換（ADC）機能とD/A変換（DAC）機能を兼ね備えたオーディオコーデックと、アナログ入出力部で構成される。オーディオレコーダーは通常、ステレオマイクが内蔵されており、マイク入力アンプである程度のゲインで、入力アナログ信号レベルをコーデックの規定信号レベルに適合させる。一方、コーデックのD/A変換されたアナログ出力はLPF兼ラインアンプを介してステレオライン出力となる。いずれの場合もステレオ対応なのでデュアルタイプのMAX4477を用いている。また、ほとんどの場合はヘッドフォンアンプは別回路で構成される。

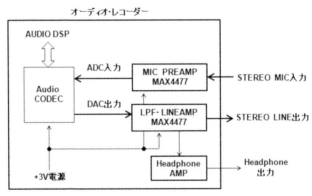

図1-101 オーディオレコーダー・アプリケーション例

■マイクアンプ応用回路例

図1-102にオーディオレコーダーにおける（**図1-101**の構成）マイク入力アンプへの応用回路例を示す（1チャンネル分のみ、電源は＋3V単一電源）。

同図においては、Audio CODECのADC入力部のセンター電位とマイク入力アンプの出力DCレベルを合わせる（電源電圧の1/2）目的で、R2、R3、R4、C3にてコモン電圧を生成、非反転入力に加えている。入力はC1によるACカップリングとR1、C2で対高域信号LPFを構成している。回路ゲインは入力抵抗R5と帰還抵抗R6またはR7との比で決定され、本回路では、SWにてゲインを11倍、101倍に切り換える機能を持たせてある。

入力抵抗側はC4にてACカップリングとしている。

本回路にて、ADC入力を4Vpp（1.414Vrms）とした場合の20kHz帯域での計算上のS/

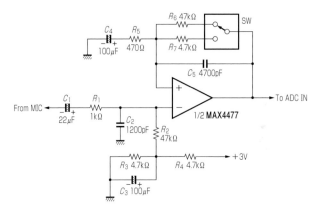

図1-102　マイク入力アンプ回路例

Nは、前述のノイズ仕様$4.5nV/\sqrt{Hz}$から次のようになる。

・S/N（ゲイン11倍）= 106dB

・S/N（ゲイン101倍）= 87dB

　ゲイン101倍設定でのS/Nは16ビット分解能の理論ダイナミックレンジ98dBと比べて
やや特性不足と言えるが、Audio CODECのADC部特性も一般的なモデルでは90dB未満
なので、実用的な範囲とも判断できる。アンチエリアシングLPFとしてはアクティブ型
ではなく、R5、C5（位相補償兼任）の時定数によるパッシブLPFを構成している。マイ
クロフォンの20kHz以上における周波数応答特性がスケールダウンすることも併せての
判断である。

■**アプリケーション例—2**

　図1-103にMAX4475のアプリケーション例—2として低ノイズ、リファレンス電源ド
ライブ回路例を示す。

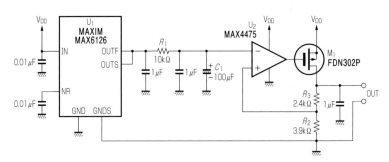

図1-103　低ノイズ・リファレンス電源回路例

　同図は、リファレンス電源ICであるMAX6126（20μV/Vの高負荷レギュレーション特性）とMAX4474オペアンプICを組みわせたもので、MAX6126出力とMAX4475入力間にCR型によるLPF機能を構成し、帯域内のノイズをフィルタリングしている。MAX6126の出力ノイズ、1,3μVpp（0.1Hz～10Hz）に対して同回路の出力ノイズは約6nV/√Hzの特性を得ることができる。

1-8　JRCのオペアンプIC　MUSES8820

　MUSES8820は、データシートのタイトルに、「2回路入り高音質オペアンプ」と記載されている通り、JRC社が音質重視思想で開発したオペアンプICである。オペアンプICの各電気的特性としては特に優れた値を追求した仕様ではないが、パッケージ/リードフレーム材質、レイアウト、アセンブル工程などで、半導体メーカーの重要なビジネス要素である量産性/生産性を犠牲にしてまで音質に拘った材質と工程で製造されているオペアンプICである。従って、アナログ電気的特性は卓越部分もあり、「音質」については試聴評価を繰り返し、音質向上を図った結果としての相応のものを持っていると言える。なお、MUSES8820のファミリーとしてはやや廉価版のMUSES01、MUSES02もある。**図1-104**にMUSES8820データシートフロントページ（抜粋）を示す。

PARAMETER	SYMBOL	CONDITIONS		MIN	TYP	MAX	UNITS
Gain-Bandwidth Product	GBWP	MAX4475–MAX4478	$A_V = +1V/V$		10		MHz
		MAX4488/MAX4489	$A_V = +5V/V$		42		
Slew Rate	SR	MAX4475–MAX4478	$A_V = +1V/V$		3		V/μs
		MAX4488/MAX4489	$A_V = +5V/V$		10		
Full-Power Bandwidth (Note 5)		MAX4475–MAX4478	$A_V = +1V/V$		0.4		MHz
		MAX4488/MAX4489	$A_V = +5V/V$		1.25		
Peak-to-Peak Input Noise Voltage	$e_{n(P-P)}$	f = 0.1Hz to 10Hz			260		nV$_{P-P}$
Total Harmonic Distortion Plus Noise (Note 6)	THD + N	$V_{OUT} = 2V_{P-P}$, $A_V = +5V/V$ (MAX4488/MAX4489), $R_L = 1kΩ$ to GND	f = 1kHz		0.0005		%
			f = 20kHz		0.008		
Capacitive-Load Stability		No sustained oscillations			200		pF
Gain Margin	GM				12		dB
Phase Margin	ΦM	MAX4475–MAX4478, $A_V = +1V/V$			70		degrees
		MAX4488/MAX4489, $A_V = +5V/V$			80		
Settling Time		To 0.01%, $V_{OUT} = 2V$ step			2		μs

図1-104　MUSES8820データシート・フロントページ（抜粋）

1-8-1　MUSES8820主要特性

本章ではMUSES8820の主要電気的特性スペックについて解説する。**図1-105**にデータシート記載の主要特性スペックを示す。

■DC特性

MUSES8820のDCオフセット電圧規定は、

・入力オフセット電圧：±0.3mV（Typ）、±3.0mV（Max）

となっている。このDCオフセット電圧特性はほとんどのアプリケーションにおいて実用上特に問題のないレベルであると言える。一方、入力DCバイアス電流は、

・入力バイアス電流：5nA（Typ）、200nA（Max）

となっており、これは当モデルの入力構成がバイポーラーデバイスとなっていることが想像できる。FET入力型に比べてやや大きいレベルなので、実用回路設計においては入力抵抗（インピーダンス）と信号源インピーダンスとのマッチングについては検証する必要があると言える。

項　目	記号	条　件	最　小	標　準	最　大	単　位
利得帯域幅積	GB	f=10kΩ	-	3.3	-	MHz
ユニティ・ゲイン周波数	f_T	A_V=+100, R_S=100Ω, R_L=2kΩ C_L=10pF	-	3.0	-	MHz
位相余裕	$Φ_M$	A_V=+100, R_S=100Ω, R_L=2kΩ, C_L=10pF	-	60	-	Deg
入力換算雑音電圧1	V_{NI}	f=1kHz, A_V=+100 R_S=100Ω	-	9.5	-	nV/√Hz
入力換算雑音電圧2	V_{N2}	RIAA, R_S=2.2kΩ, 30kHz, LPF	-	1.2	3.0	uVrms
全高調波歪率	THD	f=1kHz, A_V=+10 R_L=2kΩ, Vo=5Vrms	-	0.002	-	%
チャンネルセパレーション	CS	f=1kHz, A_V=-100 R_S=1kΩ, R_L=2kΩ	-	150	-	dB
スルーレート 立ち上がり時	+SR	A_V=1, V_{IN}=2V_{P-P} R_L=2kΩ, C_L=10pF	-	12	-	V/us
スルーレート 立ち下がり時	-SR	A_V=1, V_{IN}=2V_{P-P} R_L=2kΩ, C_L=10pF	-	13	-	V/us

図1-105　主要特性スペック

■利得帯域幅積とTHD＋N特性

図1-105より、帯域特性に関するスペックは次のように規定されている。

・利得帯域幅積：11MHz（Typ）、f = 10kHz

・ユニティゲイン：5.8MHz（Typ）、Av = 100

　オープンループゲインは約110dB（データシート上の対温度特性グラフより）を有している が、MUSES8820ではオープンループゲイン特性グラフはなく、Av ＝ 100条件での ゲイン周波数/位相特性グラフが表示されている。**図1-106**にゲイン/位相特性グラフ（温 度パラメーター込み）を示す。位相余裕は48°で若干少なめな値であるが、実用上特に問 題ないレベルと言える。

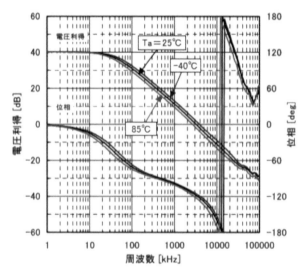

図1-106　ゲイン/位相周波数特性

　THD ＋ N特性は当然、電源条件、負荷条件、信号レベル、信号周波数、回路ゲイン、 測定帯域幅（フィルター条件）などのパラメーターにより特性が変化するが、信号周波数 ＝ 1kHz、回路ゲインAv ＝ 10、出力信号レベルVo ＝ 5Vrms、負荷抵抗RL ＝ 2kΩ条件で の規定は次の通りである。

・THD ＋ N：0.001%（Typ）

　THD ＋ N特性規定はTyp値のみでワースト（Max）値規定は無い。このTHD ＋ N特性 は今まで紹介した他のオーディオオペアンプICに比べてやや高い値となっている。**図 1-107**にTHD ＋ N対信号レベル特性を示す。

　図1-107におけるTHD ＋ N特性は最良ポイントで0.002%であり、他の高性能オペアン プICに比べるとやや劣る特性となっている。また、データシート規定は測定帯域につい て一切記述がないので、他モデルでの、たとえば20kHz測定帯域条件のものと数値のみ を直接比較することはできない。筆者推測であるが**図1-107**の信号周波数f ＝ 20kHzの特

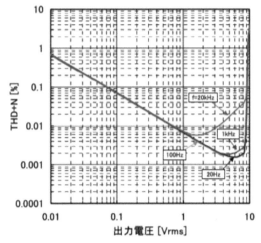

図1-107　THD＋N対信号レベル特性

性から判断して、測定帯域は80kHzなどの広帯域でのものと思われる。当然、帯域幅は広くなる分ノイズN成分も増えるのでこれが0.002%という数値に反映されていると言える。

■**ノイズ特性**

　MUSES8820のノイズ特性は一般的な入力換算雑音電圧と実用を考慮したRIAAアンプ構成条件での出力雑音電圧実効値の両方で規定されている。

・1kHz入力換算電圧ノイズ：4.5nV/$\sqrt{\text{Hz}}$（TYP）。

　信号帯域20kHz/100kHzにおける雑音実効値と2Vrms信号基準とのS/Nはそれぞれ、

・20kHz帯域ノイズ電圧：4.5nV$\sqrt{20\text{kHz}}$ = 636.4nVrms

・20kHz帯域S/N：SNR = 20Log（634.4nV/2V）= 129.9dB

・100kHz帯域ノイズ電圧：4.5nV$\sqrt{100\text{kHz}}$ = 1.423μVrms

・100kHz帯域S/N：SNR = 20Log（1.423μV/2V）= 123.0dB

となる。この値は他のオーディオ用オペアンプICに比べて特に低いものではなく、どちらかと言えばやや高性能（低ノイズ）レベルである。RIAAイコライザーアンプなどの微小信号を高ゲイン増幅するアプリケーション以外での応用、アクティブフィルターやラインアンプで用いる場合は、特に問題となるレベルではない。

■**スルーレートと過渡応答特性**

　ダイナミック特性での応答性で重要なスルーレートは±5V（Typ）で規定されており、通常のオーディオ帯域では十分な値となっている。データシートには過渡応答（ステップ

応答）特性も示されており、**図1-108**に過渡応答特性図（データシート抜粋、温度パラメーター込み）を示す。

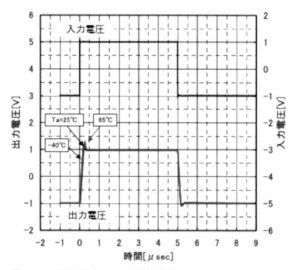

図1-108 過渡応答（ステップ応答）特性例

　同図では、2Vppの短形波（負荷抵抗RL＝2kΩ、負荷容量CL＝10pF、立ち上がり過渡時間10nsec）に対する応答特性を示しているが、立ち上がり、立ち下がりともにオーバーシュートやアンダーシュートのレベルと時間は小さく、素直な周波数/位相特性を有していることがわかる。

■**チャンネルセパレーション**

　MUSES8820は2回路入り、デュアル型オペアンプであるが、同一パッケージ内での回路間の相互干渉に対して特別な配慮がされている。これはこのオペアンプの音質面においても大きく寄与しているファクターと言える。**図1-109**にチャンネルセパレーション対周波数特性グラフ（データシート抜粋）を示す。

　図1-109において特筆すべきは、聴感上もっとも感度の高い中低域から中高域にかけてのセパレーションが150dB以上あり、非常に優れていることである。データシートの規定値はf＝1kHzにて140dB（TYP）となっているのに対して、グラフでは150dBとなっておりこの差異は不明であるが、いずれにしても他のモデルに比べて卓越した特性となっている。オーディオ可聴上限周波数の20kHzにおいても130dBの特性を有するのは他の2回路入りオペアンプICにない高性能特性である。これには開発時点でのチップレイアウト、フレーム配置/処理などのJRC社独自の技術が組み合わされていることによる。

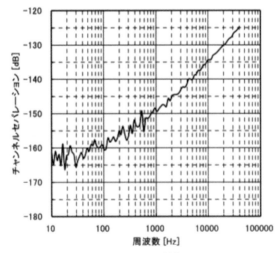

図1-109　チャンネルセパレーション特性

■出力信号レベルと負荷ドライブ

　MUSES8820は特に600Ω未満の比較的低インピーダンスの負荷ドライブ用途には設計
されていない。データシート規定では±15V電源、負荷抵抗RL＝2kΩ条件にて、13.5V
（TYP）、12V（MIN）の信号振幅を得ることができる。データシートには許容損失Pdに対
する詳細な考察が記述されているが、600Ω負荷ドライブ可能という表現はないので、kΩ
オーダーの負荷条件で使用するのが安全と言える。

■PSRR

　PSRR（電源電圧除去比）は、110dB（TYP）、80dB（MIN）で規定されている。規定値
そのものは標準的なものであるが、電源デカップリングコンデンサーの最短距離接続が要
求されることは他のオペアンプと同じである。

■MUSES8820の技術特徴

　MUSES8820ファミリーとしては、FET入力タイプのMUSES01、バイポーラー入力
タイプのMUSES02も開発され、高音質オペアンプファミリー化されている。これらの各
モデルの共通技術の一番の特徴はリードフレーム材質にある。新日本無線のMUSESシリ
ーズWEBサイトからの情報でしか判断できないが、音質向上のための主要素としては次
の要素を掲げることができる。

・無酸素銅フレーム（リード）

・卓越したチャンネルセパレーション特性

　図1-110に同社HP記載の無酸素銅フレームのようすを示す。周知の通り、一般的なIC

のリード（フレーム）は生産性、コスト、機械的特性（加工のしやすさや、ICチップに与える機械的ストレスの大小）などを総合して決められている。

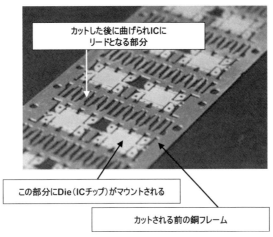

図1-110　オペアンプ・フレーム構造

このフレーム材質での種別をオーディオと音質の観点から大別すると次の通りである。
・磁性材料（42アロイなどの鉄ニッケル合金系）
・非磁性材料（銅材質など）

　当然、オーディオと音質の観点からは非磁性材料のほうが優れていると言える。現在の多くの半導体メーカーが42アロイなどの磁性材料を用いている。これにはコストにも関係するが、「鉛フリー」の産業業界動向とメッキ処理との関係で、生産性重視の材質選択が実行されていることによる。

　一方、非磁性材料のほとんどは銅フレーム（リード）となるが、他の金属との合金あるいは銅材でもその無酸素銅あるいは高純度を用いているものはない。MUSES8820では、高純度の無酸素銅を用いているところが他と大きく異なる点である。半導体ICはその構造上、電源、オーディオ信号は半導体チップとリード間はワイヤーボンディング材（一般的には金線）を介して伝達している。その出入り口であるリード材に無酸素銅を用いることは、スピーカーケーブルや信号ケーブル、電源ケーブルなどの材質選択と同じ効果による音質向上が期待されることになる。

　もうひとつの特徴は、チップレイアウトを含めた物理的構造の2回路対象的配置で、電気的特性としてのチャンネルセパレーション向上に大きく寄与していると同時に、結果的に音質向上が図られている。

1-8-2　MUSES8820 アプリケーション例

　MUSES8820の電気的特性の特徴は、ある程度バランスのとれた総合特性にあると言える。ノイズ特性は超低ノイズに分類するのは無理があるが、オーディオ用としては十分な低ノイズ特性を有している。THD＋N特性も超低THD＋N特性に分類するにも無理があるが、電気的特性とは別に「音質面での良さを命題」にしているオペアンプICなので、電気的特性面での大きな特徴は高チャンネルセパレーション以外はない。また、利得帯域幅積やスルーレートなどのダイナミック特性はオーディオ用途として適切な特性である。これらの条件を総合すると、ある程度信号レベルの大きいアナログ信号処理回路での応用が適していると言える。

■アプリケーション例―1：ラインバッファーアンプ回路

　図1-111にラインバッファーアンプ回路への応用例を示す。単純な非反転バッファー（回路ゲインG＝1）回路である。MUSES8820の入力DCオフセット電圧は3mV（MAX）なのでオーディオ用LINEバッファーとしてこのDCオフセット電圧は許容範囲にあると言える。ただし、入力部をDC結合（ACカップリングコンデンサーなし）とすると前段回路の影響が加わり、かつそのDCオフセットレベルが未知の場合に備えて、ここではAC結合で用いている。ACカップリング回路としてはアルミ電解コンデンサー100μF×2でノンポーラー（無極性、±DCに対応）特性として、0.022μF程度のフィルムコンデンサーを並列接続することにより高域信号周波数帯域を補正している。出力側は47Ωの抵抗をシリーズ接続している。これは負荷の短絡保護と容量性負荷に対する影響を抑圧することを兼ね備えた回路としている。電気的特性としては、次に示す特性を得ることができる。

・THD＋N＝0.001%（f＝1kHz）

・S/N＝120dB（100kHz帯域）

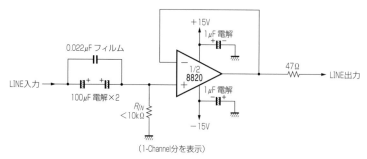

図1-111　ラインアンプ応用回路例

　同図において、入力インピーダンスは入力抵抗RINの値でほぼ決定される。ノイズ特

性としての信号源抵抗の観点からは低い値が有利であるが、バッファー機能としては高い値が理想で、ここでは10kΩ（アプリケーションにより抵抗値は変更可）としている。

■**アプリケーション例―2：2チャンネルミクシング回路**

　図1-112に2チャンネル信号のミクシング回路例を示す。これは**図**1-111のバッファーアンプ回路の基本応用で、Ch－A、Ch－Bの2回路信号をミクシング（加算）する。

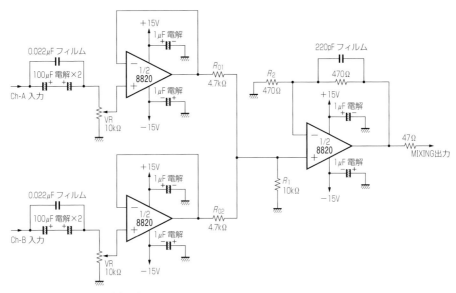

図1-112　ミクシング回路応用例

　同回路は、非反転バッファー回路を基本とする各チャンネル入力回路部と非反転ゲインアンプ回路で構成される。各チャンネル信号レベルは各チャンネルの入力ボリュームVRにて信号レベルをコントロールする。入力部はバッファーアンプと同じ目的でACカップリングとしている。各回路のバッファー出力はR01 = R02 = 4.7kΩを介して次段加算回路に接続されている。加算回路部は回路ゲインGをG = 2としている。これは入力抵抗RI = 10kΩと各バッファー出力4.7kΩとの抵抗分割による信号レベル分割に対するゲイン補正を実行しているものである。加算回路部の帰還抵抗470Ωと並列接続している220pFコンデンサーは高域部へのLPF機能と位相補正を兼ねている。信号レベルと必要なゲインにより、加算回路のゲインはR2 = 470Ωを変更することにより変えることができる。

コラム—4

　MUSES高音質オーディオ用オペアンプICの解説記事は『MJ無線と実験』2010年10月号、11月号に掲載させていただいた。掲載にあたり新日本無線（株）のMUSESオペアンプ開発部門に当時編集長であった桂川氏と一緒に取材訪問させていただいた。技術的な質疑応答に加えて同社試聴室にてMUSESオペアンプICの音質評価の機会を得ることができた。

■試聴条件

　今回の試聴は同社半導体部門の所有するオーディオ試聴室で行われ、当誌編集長桂川氏と筆者の2名で参加させていただきました。

　図1に試聴室のオーディオ機器配置のようすを示します。試聴はオペアンプICのモデルによる音質の比較試聴となります。

コラム—4　図1　試聴室のようす

　図2にオペアンプ音質評価システム構成を示します。

　CDプレーヤーは、マランツ社SA-7S1、このCDプレーヤーのデジタル出力をDACでD/A変換しています。このDACは同社の「自作品」で、オーディオコンバーターIC（アナログデバイセス社）のアナログ出力回路部（I/V変換、ポストLPF回路部など）のオペアンプICを比較試聴のために簡単に交換できる構成となっています。DACのアナログ出力は、プリアンプ機能としてのオペアンプIC評価回路に接続され

ます。**図2**に示す通り、プリアンプ回路としては非反転型2倍ゲイン回路で、入力部のアナログボリュームで音量調整を実行します。プリアンプ出力は、ローテルRB1090パワーアンプに伝送され、B&W、801Dスピーカーシステムで再生されます。

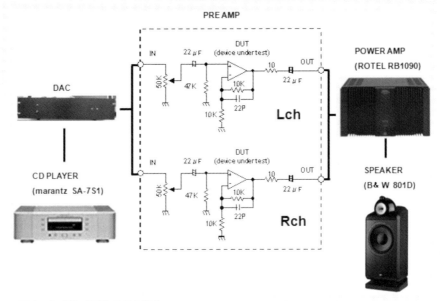

コラムー4 図2 評価システム構成

図3にプリアンプの内部構造を示します。シンプルに電源とアンプ回路のみで構成されています。2回路入りデュアルオペアンプICの1個を動作させるには十分すぎる容量を有していると言えます。これだけの電源が用意されていれば、音質的にも優れたものが得られると判断できます。

■比較試聴

MUSESファミリーの音質評価はデュアルオペアンプモデルの比較試聴です。モデルAとモデルBとの相対比較の手法としました。今回は最もポピュラーなオペアンプICのひとつでもある5532型（NJM5532）とMUSES8820との比較試聴を最初に行いました。

さて、音質評価はあくまでも主観要素ですので、この点はご承知おきください。

試聴ソースとしては、クラシック系、ジャズ系、ヴォーカル系の個々に聴きなれたものを用意しました。まずはクラシック系ですが、NJM5532からMUSESにするとオーケストラの各楽器がきちんと仕事をし始めたという感じになります。低域から高

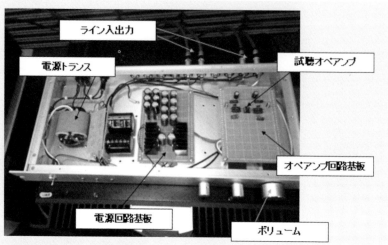

ライン入出力

電源トランス

試聴オペアンプ

オペアンプ回路基板

電源回路基板

ボリューム

コラム4―図3　PREAMP内部構造

域まで特定な癖もなくヌケの良さが出てきます。ジャズ系（ピアノトリオ）では全体の分解能が向上、ピアノのアタック音や、ベースの響き、シンバルの歪み具合がより明確になって聴こえます。ヴォーカル系ではヴォーカリストとバックバンドの位置関係がライブステージのようになり臨場感が良くなります。全体の印象としては低インピーダンス化による効果と思われますが、何の誇張もなく素直に分解能が高くなった感じであり、開発意図と合致していると言えます。

　次に、「好みが分かれるので、両方用意しました」というMUSES01（JFET入力）とMUSES02との比較試聴をヴォーカル系ソースで実施しました。確かに言われる通りで、どちらがいいかは個人趣向によると言えます。MUSES01では全体的に音が締まった感じで、ヴォーカルの艶やかさが抑えられ、より生声に近くなると言えます。MUSES02では逆に艶やかさや明るさを感じさせられます。

　最後に、同社の自信作という電子ボリューム（抵抗ラダー型制御＋外部オペアンプICで構成）、「MUSES72320」についても試聴しました。この電子ボリュームは音質への影響を最大限になくしたものですが、筆者の印象では、確かに癖のない素直な、無色透明な音質傾向と感じました。

取材協力
新日本無線（株）
IC事業部第3設計部、半導体販売事業部広告企画部、半導体販売事業部第2商品企画部
（注）『MJ無線と実験』2010年11月号掲載のまま。誤字等は訂正。

1-9　ナショナルセミコンダクターのオペアンプIC LME49860

『MJ無線と実験』掲載（2010年12月号）当時はナショナルセミコンダクター社であったが、バー・ブラウン社と同様にTI社が買収したので（外資系企業はこれが非常に多い）、現在はTI社製品となる。

1-9-1　LME49860の主要特性

LME49860は、データシートのタイトルに記述されている通り、高性能・高音質オーディオ用に開発されたデュアルオペアンプ（2回路入り）である。電気的特性としては、雑音特性、帯域幅、歪み率の主要パラメーターのバランスが非常に良く、600Ω負荷もドライブできる能力を有している。従って、ほとんどのオーディオアプリケーションにおいてその実力を発揮でき、かつ万能的に使うことができる特性を有していると言える。パッケージは他と同様に8ピンDIP/SOPパッケージである。**図1-113**にLME49860のデータシート、フロントページの抜粋を示す。

LME49860
44V Dual High Performance, High Fidelity Audio Operational Amplifier

Key Specifications

- Power Supply Voltage Range　　±2.5V to ±22V
- THD+N
  ($A_V = 1$, $V_{OUT} = 3V_{RMS}$, $f_{IN} = 1kHz$)

  $R_L = 2k\Omega$　　　　0.00003% (typ)

  $R_L = 600\Omega$　　　0.00003% (typ)
- Input Noise Density　　2.7nV/$\sqrt{Hz}$ (typ)
- Slew Rate　　±20V/µs (typ)
- Gain Bandwidth Product　　55MHz (typ)
- Open Loop Gain ($R_L = 600\Omega$)　　140dB (typ)
- Input Bias Current　　10nA (typ)
- Input Offset Voltage　　0.1mV (typ)
- DC Gain Linearity Error　　0.000009%

Features

- Easily drives 600Ω loads
- Optimized for superior audio signal fidelity
- Output short circuit protection
- PSRR and CMRR exceed 120dB (typ)
- SOIC, DIP packages

Applications

- Ultra high quality audio amplification
- High fidelity preamplifiers
- High fidelity multimedia
- State of the art phono pre amps
- High performance professional audio
- High fidelity equalization and crossover networks
- High performance line drivers
- High performance line receivers
- High fidelity active filters

図1-113　データシート・フロントページ抜粋

■LME49860のDC特性

LME49860のDCオフセット電圧規定は次の通りである。

・入力オフセット電圧：±0.12mV（TYP）、±0.7mV（MAX）

このDCオフセット電圧特性はほとんどのアプリケーションにおいて実用上特に問題のないレベルであると言える。一方、DCバイアス電流規定は次の通りである。

・入力バイアス電流：10nA（TYP）、70nA（MAX）

これは当モデルの入力構成がバイポーラーデバイスとなっていることが想像できる。FET入力型に比べてやや大きいレベルなので、実アプリケーションにおいては入力抵抗（インピーダンス）と回路マッチングについては検証する必要があると言える。

■ダイナミック特性とノイズ特性

図1-114にLME49860のTHD＋N特性、開ループゲイン特性、ノイズ特性などの仕様（データシート抜粋）を示す。

Symbol	Parameter	Conditions	LME49860 Typical (Note 6)	Limit (Note 7)	Units (Limits)
THD+N	Total Harmonic Distortion + Noise	A_V = 1, V_{OUT} = 3V_{rms} R_L = 2kΩ R_L = 600Ω	0.00003 0.00003	0.00009	% (max)
IMD	Intermodulation Distortion	A_V = 1, V_{OUT} = 3V_{RMS} Two-tone, 60Hz & 7kHz 4:1	0.00005		%
GBWP	Gain Bandwidth Product		55	45	MHz (min)
SR	Slew Rate		±20	±15	V/µs (min)
FPBW	Full Power Bandwidth	V_{OUT} = 1V_{P-P}, −3dB referenced to output magnitude at f = 1kHz	10		MHz
t_s	Settling time	A_V = −1, 10V step, C_L = 100pF 0.1% error range	1.2		µs
e_n	Equivalent Input Noise Voltage	f_{BW} = 20Hz to 20kHz	0.34	0.65	$µV_{RMS}$ (max)
	Equivalent Input Noise Density	f = 1kHz f = 10Hz	2.7 6.4	4.7	nV/√Hz (max)
i_n	Current Noise Density	f = 1kHz f = 10Hz	1.6 3.1		pA/√Hz
V_{OS}	Offset Voltage	V_S = ±18V V_S = ±22V	±0.12 ±0.14	±0.7 ±0.7	mV (max) mV (max)
$\Delta V_{OS}/\Delta Temp$	Average Input Offset Voltage Drift vs Temperature	−40℃ ≤ T_A ≤ 85℃	0.2		µV/℃
PSRR	Average Input Offset Voltage Shift vs Power Supply Voltage	(Note 8) V_S = ±18V, ΔV_S = 24V V_S = ±22V, ΔV_S = 30V	120 120	110	dB dB (min)
ISO_{CH-CH}	Channel-to-Channel Isolation	f_{IN} = 1kHz f_{IN} = 20kHz	118 112		dB

図1-114 LM49860　スペックシート抜粋

このオペアンプの設計（仕様）の特徴のひとつは、非常に高いオープンループゲイン

（140dB）を持たせ、実アプリケーションでのクローズドゲインでの帰還量（NFB）を多くすることで超低 THD + N 特性（Av = 1、Vout = 3Vrms）を実現している。

・THD + N（RL = 2kΩ）：0.00003%（Typ）

・THD + N（RL = 600Ω）：0.00003%（Typ）、0.00009%（Max）

　この規定 THD + N 特性は高精度オペアンプ IC、オーディオ用オペアンプ IC の中でも最高ランクの超低 THD + N 特性である。

　図1-115 に開ループゲイン/位相の標準特性グラフを示す。ゲイン帯域幅は 50MHz（Typ）、45MHz（Min）で最小値が保証されている。この開ループゲインは多くのオペアンプ IC の中でも非常に高いものである。また、**図1-115** のグラフから位相余裕も大きく、ほとんどのゲイン回路アプリケーションでの安定動作が期待できる。

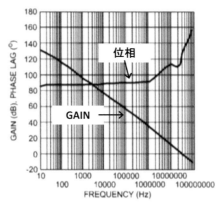

図1-115　開ループゲイン/位相特性

　THD + N 特性は電源電圧と負荷抵抗に対しての依存度を有しており、データシートには、電源電圧＝ ± 5V/ ± 12V/ ± 15V/ ± 22V の各条件および負荷抵抗＝ 600Ω/2kΩ/10kΩ 各条件での、対信号レベル、対周波数パラメーターの標準特性グラフが表示されている。

　図1-116 に代表例として、Vcc = ± 15V、RL = 2kΩ 条件での THD + N 対信号レベル特性（左側）、THD + N 対信号周波数特性（右側）をそれぞれ示す。

　残念なことに、当該 THD + N 特性の測定条件の詳細（測定帯域幅、フィルター条件）は記述されていないので、実アプリケーションにおいては実測で確認しなければならない。対信号周波数のグラフ（周波数 10kHz 付近から特性が上昇する）から予測できるのは、例えば AES-17/20kHz ローパスフィルターなどの急峻な LPF でなく、AP 社オーディオアナライザー内蔵の標準的な LPF を用いた条件での特性と推測される。

　また、LME49860 の特徴のひとつは、IMD（Inter Modulation Distortion）が規定され

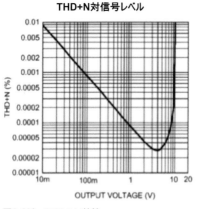
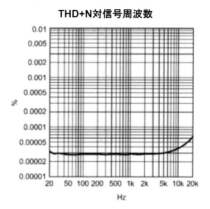

図1-116　THD＋N特性

ているところである。これは特に一部海外オーディオ関係においてIMD特性を重視していることを意識してのものと言える。規定スペックはIMDテストが2波信号の相互変調で定義されていることから、**図1-114**で規定されている通り、テスト信号60Hz、7kHz（信号レベルは4対1）、Av＝1、Vout＝3Vrms条件での値が規定されている。

・IMD＝0.00005%（Typ）

　THD＋N特性はアプリケーションによるが、当然実装では規定値よりはやや悪くなる傾向にある。それでも他に比類ない低THD＋N特性を実現可能である。

■スルーレートとセトリングタイム

　ダイナミック特性での応答性で重要なスルーレートSR規定は次の通りである。

・SR＝±20V（Typ）、±15V（Min）

　この規定スペックは他のオペアンプICに比べても高い値である、通常のオーディオ帯域では十分すぎるスペック値となっている。

　一方、応答特性のもうひとつの重要なファクターであるセトリングタイムTsは次の通りに規定されている。

・Ts＝1.2μsec（Typ、0.1%エラーバンド）

　他の高性能オペアンプICモデルによってはデジタルオーディオにおける16ビット分解能精度（0.0015%）などで規定されているので直接の比較はできないが、実アプリケーションでは問題ない高応答特性であると言える。

■ノイズ特性

　LME49860のノイズ特性（雑音スペクトラム密度）は下記のように規定されている。

・1kHz入力換算電圧ノイズ：2.7nV/$\sqrt{\text{Hz}}$（Typ）

・1kHz入力換算電圧ノイズ：4.7nV/√Hz（MAX）

　これを信号帯域20kHz/100kHzにおける雑音実効値と、2Vrms信号基準とのS/Nを計算で求めると次のようになる。

・20kHz帯域ノイズ実効値とS/N（Typ）

$2.7nV\sqrt{20\mathrm{kHz}} = 381.8nVrms$

$S/N = 20Log\,(381.8nV/2V) = 134.4dB$

$4.7nV\sqrt{20\mathrm{kHz}} = 664.7nVrms$

$S/N = 20Log\,(664.7nV/2V) = 129.6dB$

・100kHz帯域ノイズ実効値とS/N（Min）

$2.7nV\sqrt{100\mathrm{kHz}} = 853.8nVrms$

$S/N = 20Log\,(381.8nV/2V) = 127.4dB$

$4.7nV\sqrt{100\mathrm{kHz}} = 1.49\mu Vrms$

$S/N = 20Log\,(1.49\mu V/2V) = 122.6dB$

　この計算結果から、実際のノイズ特性（S/N特性）においても低ノイズオペアンプICとして最高グレードの特性を有していると言える。従って、微小信号増幅の高ゲインアンプやイコライジング、フィルタリングなどのアナログオーディオ信号処理回路での応用に適していると言える。

■出力信号特性

　図1-117にLME49860の信号出力（出力電圧レベルと出力電流）に関する特性を、規定のデータシートからの抜粋で示す。

Symbol	Parameter	Conditions	LME49860		Units (Limits)
			Typical (Note 6)	Limit (Note 7)	
V_OUTMAX	Maximum Output Voltage Swing	$R_L = 600\Omega$ $V_S = \pm18V$ $V_S = \pm22V$	±16.7 ±20.4	±19.0	V V (min)
		$R_L = 2k\Omega$ $V_S = \pm18V$ $V_S = \pm22V$	±17.0 ±21.0		V V
		$R_L = 10k\Omega$ $V_S = \pm18V$ $V_S = \pm22V$	±17.1 ±21.2		V V
I_OUT	Output Current	$R_L = 600\Omega$ $V_S = \pm20V$ $V_S = \pm22V$	±31 ±37	±30	mA mA (min)
R_OUT	Output Impedance	$f_{IN} = 10kHz$ Closed-Loop Open-Loop	0.01 13		Ω
C_LOAD	Capacitive Load Drive Overshoot	100pF	16		%

図1-117　出力特性スペック

　同図より、電源電圧＝±22V動作において、最小でも±19Vの信号振幅を600Ω負荷条件で実行できるので、かなりの負荷ドライブ能力を有していると言える。特筆すべきは容量負荷（CL＝100pF）に対するオーバーシュートが規定（16%）されているところである。これの意味するところは、過渡応答としてはやや大きなオーバーシュートが存在しますよと、わざわざデータシートで示しているということである。例えば、10Vステップの短形波においては、11.6Vに達するオーバーシュートがあることを意味している。ただし、実アプリケーションで負荷容量が小さい（少なくともCLが20pF未満）条件では、このオーバーシュートはセトリングタイム規定でわかる通り短時間で収束する。

■PSRRとクロストーク

　PSRR（Power Supply Rejection Ratio/電源電圧除去比）特性は実装において重要なファクターである。また、クロストーク（またはチャンネルセパレーション）特性はデュアル（2回路）型オペアンプICにおける内部干渉の影響度を把握する上で重要なファクターとなる。これらのLME49860における標準特性グラフ（抜粋）を**図1-118**に示す。

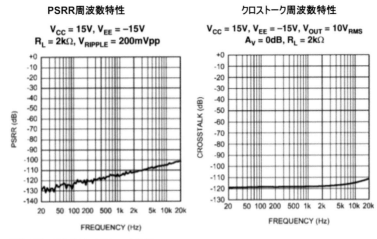

図1-118　PSRR/クロストーク特性

　PSRRは20kHz帯域内において100dB以上あり、これはかなり優秀な値と言える。ただし、実装において一般的なバイパスコンデンサーの接続は必要であり、省略することはできない。また、クロストークは条件によってやや値が異なるが、20kHz帯域にて大体120dB程度あるので通常のアプリケーションではチャンネル（2回路）間の相互干渉はほぼ無視できる値と言える。余談だが、前述のMUSES8820の150dBというスペックがいかに優れているかもわかる。

1-9-2　LME49860アプリケーション例

　LME49860の超低ノイズ特性、低THD＋N特性、広帯域特性はあらゆるアナログオーディオ回路アプリケーションで最高レベルの特性を得ることができる。マイクアンプ回路、RIAAイコライザーアンプ回路、トーンコントロール回路、多バンドイコライザーアンプ回路等のアプリケーションが考えられる。LME49860のデータシートにはこれらのアプリケーション例が掲載されており、本項ではそれらの代表的アプリケーション例について紹介・解説する。各図はやや不鮮明であるが、これは元データシート図がその状態であるので、引用図面も同じになってしまう点をご容赦いただきたい。

■アプリケーション例―1：RIAAイコライザーアンプ例

　図1-119にLME49860のアプリケーション例―1としてRIAAイコライザーアンプ回路例を示す。他のオペアンプICのアプリケーション例でも同様のRIAAイコライザーアンプが記載されているが、LME49860の各特性（特にゲインとノイズ）がフォノカートリッジ出力のような小信号の高精度増幅機能に最適であることによる。基本回路構成は非反転型増幅回路で、入出力はACカップリングコンデンサー結合回路としている。入力側の抵抗47kΩは入力インピーダンス、出力側の抵抗470Ωは出力インピーダンスとなる。f＝1kHzにおけるゲインは35dB、S/N特性は90dBを実現することができる。

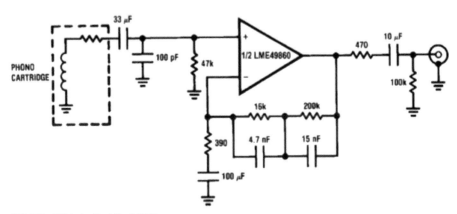

図1-119　RIAAイコライザー回路例

■アプリケーション例―2：PANポッド回路

　図1-120にPANポッド回路への応用例を示す。PANポッドはミクサーアンプ機器などに用いられている信号の分配機能（1ch入力→2ch出力）で、信号の分配比率は可変抵抗VR（10kΩ）で可変できる。VRの可変位置がセンターのとき、入出力抵抗比から信号ゲイン（Vout-A/Vin ＝ Vouy-B/Vin）は0dBとなるように設定されている。

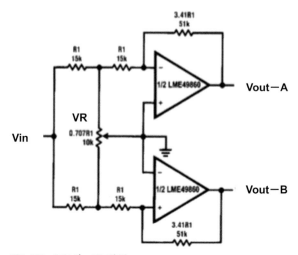

図1-120　PANポッド回路例

■アプリケーション例—3：トーンコントロール回路

　図1-121にオーディオアンプのトーンコントロール回路を示す。トーンコントロール機能としては標準的なBASS、TREBLEのコントロールで、オペアンプICとしては基本的に反転増幅回路である。

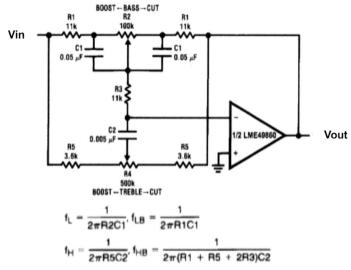

$$f_L = \frac{1}{2\pi R2C1}, \quad f_{LB} = \frac{1}{2\pi R1C1}$$

$$f_H = \frac{1}{2\pi R5C2}, \quad f_{HB} = \frac{1}{2\pi(R1 + R5 + 2R3)C2}$$

図1-121　トーンコントロール回路例

　このトーンコントロール回路のトーンコントロール（ゲイン‐周波数）特性を**図1-122**に示す。トーンコントロールBASS側の±3dBゲイン周波数はfLB、±17dBゲイン周波数はfL、トーンコントロールTREBLE側の±3dBゲイン周波数fHB、±17dBゲイン周波数はfHで、回路CR定数は**図1-121**内の計算式で求められる。同回路の各周波数は**図1-122**内に示している通りである。

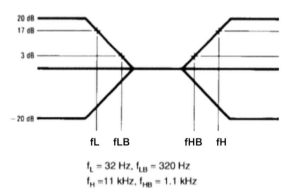

$f_L = 32$ Hz, $f_{LB} = 320$ Hz
$f_H = 11$ kHz, $f_{HB} = 1.1$ kHz

図1-122　トーンコントロール特性

■アプリケーション例―4：グラフィックイコライザー回路

　図1-123に10BANDグラフィックイコライザーアンプ回路例への応用例を示す。可変抵抗ボリュームによるゲイン制御範囲は各周波数共±12dBに設定されている。基本構成としては非反転増幅の帰還回路にゲイン可変可能なBPF機能を組み合わせている。

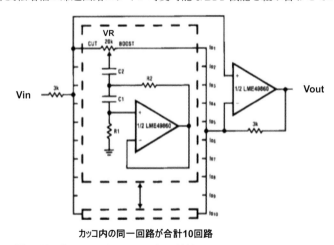

カッコ内の同一回路が合計10回路
図1-123　グラフィックイコライザー回路例

　図1-124にこのグラフィックイコライザー回路の各周波数バンドと対応回路CR定数を示す。

fo (Hz)	C₁	C₂	R₁	R₂
32	0.12μF	4.7μF	75kΩ	500Ω
64	0.056μF	3.3μF	68kΩ	510Ω
125	0.033μF	1.5μF	62kΩ	510Ω
250	0.015μF	0.82μF	68kΩ	470Ω
500	8200pF	0.39μF	62kΩ	470Ω
1k	3900pF	0.22μF	68kΩ	470Ω
2k	2000pF	0.1μF	68kΩ	470Ω
4k	1100pF	0.056μF	62kΩ	470Ω
8k	510pF	0.022μF	68kΩ	510Ω
16k	330pF	0.012μF	51kΩ	510Ω

図1-124　グラフィックイコライザーのCR回路定数とfo

　同図から、グラフィックイコライザーの可変周波数foは周波数下限32Hzから周波数上限16kHzの10バンドで設定されている。

1-10　TIのオペアンプIC概要

　TI（Texas Instruments）社の高精度オペアンプIC、オーディオ用オペアンプICのほとんどは、旧バー・ブラウン社が開発したモデルである（高性能オーディオ用A/D、D/AコンバーターICも含めて）。現TI社はよりラージマーケット製品の開発をメインにしているため、高性能コンバーター製品、オーディオ用オペアンプICなどの新製品は少ない。『MJ無線と実験』2010年5月号から2011年6月号にて紹介・解説したモデルは次の通りである。
・NE5532/5534：低ノイズオペアンプ
・OPA604/2604：FET入力低歪みオペアンプ
・OPA627高速・高精度FET入力オペアンプ
・OPA2353：高速・単一電源レール・トゥ・レール・オペアンプ
・OPA2134：高精度オーディオ・オペアンプ
・OPA1632：フル差動（Differential）オペアンプ
　これらのオペアンプIC製品は現在のオーディオ/デジタルオーディオ機器において用いられており、市場での評価は相応に高く実績も十分であると言える。

1-11 5532/5534 TI/JRC

5532/5534型オペアンプの歴史は古く、元々は米シグネティックス社で発売されていたもので、現在では半導体業界のいろいろな事情からTI社と新日本無線（JRC）社の2社で製造、販売されている。基本的なファミリー分類は、5532型がデュアル（2回路）構成、5534型がシングル（1回路）構成となっている。また、頭文字NExxxxがTI製、NJMxxxxがJRC製として区別できる。さらには、モデル名の末尾にAまたはDが付記されているものはノイズ特性選別品（ノイズ最大値保証）となっている。**図**1-125にこれらをまとめたものを示す。

タイプ ／ 製造メーカー	TI製	JRC製
シングル（1回路）	NE5534	NJM5534
シングル（1回路）・ノイズ選別品	NE5534A	NJM5534D
デュアル（2回路）	NE5532	NJM5532
デュアル（2回路）・ノイズ選別品	NE5532A	NJM5532D

図1-125　5532/5534ファミリー概要

図1-126にJRC社の5532/5534型オペアンプICデータシートのフロントページ記載の特徴を掲げる。

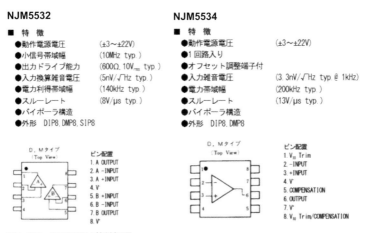

図1-126　5532/5534特徴概要

上図において同じファミリーではあるが、データシートのフロントページに記載している特徴の記載項目がやや異なることがわかる。動作電源電圧（±3〜±22V）は共通であるが、利得帯域幅、スルーレートなどのダイナミック特性と入力換算雑音電圧は、5534タイプの方が高性能であることがわかる。

以下、5532型と5534型それぞれの主要特性スペックについて解説する。

図1-127に5532型、**図1-128**に5534型の電気特性スペック（抜粋）を示す。これらのスペックはTI社の5532/5534データシートのものである。JRC社の特性スペックも各特性の表現、規定値が異なるものもあるがほぼ同じである。

PARAMETER		TEST CONDITIONS[1]		MIN	TYP	MAX	UNIT
V_{IO}	Input offset voltage	$V_O = 0$	$T_A = 25°C$		0.5	4	mV
			T_A = Full range[2]			5	
I_{IO}	Input offset current	$T_A = 25°C$			10	150	nA
		T_A = Full range[2]				200	
I_{IB}	Input bias current	$T_A = 25°C$			200	800	nA
		T_A = Full range[2]				1000	
V_{ICR}	Common-mode input-voltage range			±12	±13		V
V_{OPP}	Maximum peak-to-peak output-voltage swing	$R_L \geq 600\ \Omega$, $V_{CC\pm} = \pm15$ V		24	26		V
A_{VD}	Large-signal differential-voltage amplification	$R_L \geq 600\ \Omega$, $V_O = \pm10$ V	$T_A = 25°C$	15	50		V/mV
			T_A = Full range[2]	10			
		$R_L \geq 2$ kΩ, $V_O\pm10$ V	$T_A = 25°C$	25	100		
			T_A = Full range[2]	15			
A_{vd}	Small-signal differential-voltage amplification	$f = 10$ kHz			2.2		V/mV
B_{OM}	Maximum output-swing bandwidth	$R_L = 600\ \Omega$, $V_O = \pm10$ V			140		kHz
B_1	Unity-gain bandwidth	$R_L = 600\ \Omega$, $C_L = 100$ pF			10		MHz
r_i	Input resistance			30	300		kΩ
z_o	Output impedance	$A_{VD} = 30$ dB, $R_L = 600\ \Omega$, $f = 10$ kHz			0.3		Ω
CMRR	Common-mode rejection ratio	$V_{IC} = V_{ICR}$ min		70	100		dB

図1-127　NE5532主要スペック

PARAMETER		TEST CONDITIONS†		MIN	TYP	MAX	UNIT
V_{IO}	Input offset voltage	$V_O = 0$, $R_S = 50\ \Omega$	$T_A = 25°C$		0.5	4	mV
			T_A = Full range			5	
I_{IO}	Input offset current	$V_O = 0$	$T_A = 25°C$		20	300	nA
			T_A = Full range			400	
I_{IB}	Input bias current	$V_O = 0$	$T_A = 25°C$		500	1500	nA
			T_A = Full range			2000	
V_{ICR}	Common-mode input voltage range			±12	±13		V
$V_{O(PP)}$	Maximum peak-to-peak output voltage swing	$R_L \geq 600\ \Omega$	$V_{CC\pm} = \pm15$ V	24	26		V
			$V_{CC\pm} = \pm18$ V	30	32		
A_{VD}	Large-signal differential voltage amplification	$V_O = \pm10$ V, $R_L \geq 600\ \Omega$	$T_A = 25°C$	25	100		V/mV
			T_A = Full range	15			
A_{vd}	Small-signal differential voltage amplification	$f = 10$ kHz	$C_C = 0$		6		V/mV
			$C_C = 22$ pF		2.2		
B_{OM}	Maximum-output-swing bandwidth	$V_O = \pm10$ V	$C_C = 0$		200		kHz
			$C_C = 22$ pF		95		
		$V_{CC\pm} = \pm18$ V, $R_L \geq 600\ \Omega$,	$V_O = \pm14$ V, $C_C = 22$ pF		70		
B_1	Unity-gain bandwidth	$C_C = 22$ pF,	$C_L = 100$ pF		10		MHz
r_i	Input resistance			30	100		kΩ
z_o	Output impedance	$A_{VD} = 30$ dB, $C_C = 22$ pF,	$R_L \geq 600\ \Omega$, $f = 10$ kHz		0.3		Ω

図1-128　NE5534主要スペック

実アプリケーションにおいて、5532型と5534型の選択はノイズ特性の優劣で決定されることが多い。特に実機にて120dBグレードのS/N特性を必要とするケースでは、オペアンプICモデルの選択に十分な検証が必要である。

1-11-1 5532型主要特性
■オフセット電圧とバイアス電流
この特性はNE5532、NJM5532ともに全く同じ仕様で、次の通りである。
・オフセット電圧：0.5mV（Typ）、4mV（Max）
・バイアス電流：200nA（Typ）、800nA（Max）
バイアス電流に関してはバイポーラー入力であるので、FET入力に比べ大きい値となっているが、いずれも通常のアプリケーションで問題ないレベルと言える。
■オープンループゲイン特性
NJM5532では、電圧利得（dB）で規定しており、
・600Ω負荷条件：94dB（Typ）、83.5dB（Min）
・2kΩ負荷条件：100dB（Typ）、88dB（MIn）
一方、NE5532では、Large Signal Differential-Voltage Amplificationで規定しており、その規定の手法も「V/mV」の電圧比で規定している。
・600Ω負荷条件：50V/mV（Typ）、15V/mV（Min）
・2kΩ負荷条件：100V/mV（Typ）、25V/mV（Min）
これをdB換算すれば下式で計算でき、この値はNJM5532と同じ値となる。
・$Av(600Ω) = 20Log(50/0.0001) = 94dB$
・$Av(2kΩ) = 20Log(100/0.001) = 100dB$
■ゲイン帯域幅積
図1-129にNJM5532のゲイン/位相特性グラフを示す。
同図は40dBクローズドゲイン/位相特性である。スペック仕様は交流特性における扱える信号周波数の目安となる重要なスペックであるが、NJM5532においては利得帯域幅積、NE5532においてはUnity-Gain Bandwidthでそれぞれ規定しており、スペック値はいずれの場合も10MHz（TYP）となっている。40dB閉ループゲインは100kHz程度まであり、オーディオ信号のアナログ信号処理機能としては十分なスペックと言える。
■スルーレート
ゲイン帯域幅積のスペックが同じなのに対して、スルーレートのスペックは若干異なる。
・NE5532：9V/μs
・NJM5532：8V/μs

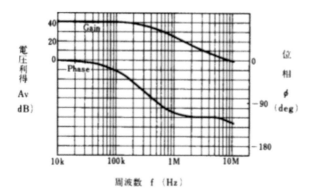

図1-129　ゲイン / 位相特性

　規定スペックは上例の通り NE5532 の方が若干高い（良い）スペック値となっている。ゲイン条件や負荷容量条件などのスルーレートを左右する動作条件が記述されていないので、実際にはあまり差異はないと言える。

■入力換算雑音電圧

　5532型オペアンプの大きな特徴のひとつは低雑音＝ローノイズ特性にある。$f = 1kHz$ における入力換算雑音電圧は、NE5532、NJM5532 ともに $5nV/\sqrt{Hz}$ Typ で規定されている。この雑音スペクトラム密度を実効値に換算すると、

$$20kHz 信号帯域：Vn(RMS) = 5nV\sqrt{20kHz} = 707nV(rms) \cdots\cdots\cdots 式1\text{-}36$$

$$100kHz 信号帯域：Vn(RMS) = 5nV\sqrt{100kHz} = 1.58\mu V(rms) \cdots\cdots 式1\text{-}37$$

となり、2Vrms 基準信号との S/N は次のように換算できる。

$$SNR(20kHzBW) = 20Log(2/707nV) = 129dB \cdots\cdots\cdots\cdots\cdots 式1\text{-}38$$

$$SNR(100kHzBW) = 20Log(2/1.58\mu V) = 122dB \cdots\cdots\cdots\cdots\cdots 式1\text{-}39$$

　これらの値はまずほとんどのオーディオアプリケーションにおいて低雑音（ローノイズ）特性を実現できるスペックとなっている。また、この値は TYP 値であるが、雑音最大値保証モデル、NE5532A では $6nV\sqrt{Hz}$ がワースト値で規定されている。一方、NJM5532D では、雑音スペクトラム密度での規定ではなく、RIAA 特性回路における雑音実効値、Vn $= 1.4\mu V$（最大）で規定されている。

1-11-2 5534型主要特性

■オフセット電圧とバイアス電流

　オフセット電圧規定は5532型と5534型では同じで、NE5534とNJM5534とでも同じスペックである。高ゲインDCアンプなどの用途では、5534型は外部オフセット調整用端子が用意されているので、これを利用することでDCオフセット電圧をキャンセルすることができる。一方、バイアス電流は5532型に比べ5534型では若干大きくなっており、その値は次のように規定されている。

・入力バイアス電流：500nA（Typ）、1500nA（Max）

■オープンループゲインとゲイン帯域幅積

　これらのスペックもNJM5532型、NJM5534型およびNE5534型、NJM5534型ともに同じスペック値となっている。ただし「位相補正の条件によるこの特性は異なる」が付加されている。

　図1-130にNE5534のオープンループゲイン特性グラフを示す。同図において補償コンデンサーCc＝22pFではゲイン帯域幅は10MHzであるが、Cc＝0pF（補償なし）では20MHz程度になっている。

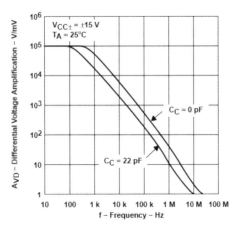

図1-130　NE5534オープンループゲイン特性

■スルーレート

　NE5534のスルーレートとノイズ特性のスペック規定を図1-131に示す。

　NE5534型ではスルーレートの規定条件に、Cc＝0pFとCc＝22pFの記述が存在している。これは前述の通り、5534型オペアンプICでは位相補正用のコンデンサーCcを接続できるピンが用意されているためで、この位相補正コンデンサーCcの容量によって動特

PARAMETER		TEST CONDITIONS		NE5534, SA5534	NE5534A, SA5534A			UNIT
				TYP	MIN	TYP	MAX	
SR	Slew rate	$C_C = 0$		13		13		V/μs
		$C_C = 22$ pF		6		6		
t_r	Rise time	$V_I = 50$ mV, $A_{VD} = 1$,		20		20		ns
	Overshoot factor	$R_L = 600$ Ω, $C_C = 22$ pF $C_L = 100$ pF		20		20		%
	Rise time	$V_I = 50$ mV, $A_{VD} = 1$,		50		50		ns
	Overshoot factor	$R_L = 600$ Ω, $C_C = 47$ pF $C_L = 500$ pF		35		35		%
V_n	Equivalent input noise voltage	f = 30 Hz		7	5.5		7	nV/√Hz
		f = 1 kHz		4	3.5		4.5	
I_n	Equivalent input noise current	f = 30 Hz		2.5	1.5			pA/√Hz
		f = 1 kHz		0.6	0.4			
$\overline{F}$	Average noise figure	$R_S = 5$ kΩ, f = 10 Hz to 20 kHz				0.9		dB

図1-131　NE5534スルーレートとノイズ特性スペック

性（ゲイン周波数/位相特性）が異なることによる。スルーレート規定は次の通りである。

・Cc = 0pF：13V/μs

・Cc = 22pF：6V/μs

　一方、NJM5534においても位相補正コンデンサー接続ピンが用意されているが、スペック上ではCc = 0pF条件のみが規定されており、その値は13V/μsで同じ値となっている。従って、オーディオ信号の扱いに関してのダイナミック特性としては、5532型/5534型および（TI製）と（JRC製）は同じ特性と扱って全く問題ないことがわかる。

■入力換算雑音電圧

　5534型の最大の特徴（5532型との差異）は低雑音特性にある。もっとも5532型でも低ノイズ特性を有しているが、5534型のほうがより（S/NdB換算で3〜4dB程度）低ノイズ特性であるということである。

　NJM5534では次のように規定されている。

・雑音スペクトラム密度：3.3nV/√Hz（Typ）

・特定帯域での雑音実効値：1.0μVrms（20Hz〜20kHz）

　またNJM5534Dの雑音選別品は次のようにワースト値（Max）が規定されている。

・特定帯域での雑音実効値：1.4μVrms（20Hz〜20kHz、RIAA）、（Max）

　NE5534では同様に次のように規定されている。

・雑音スペクトラム密度：4V/√Hz（Typ）

　同様にNE5534Aの雑音選別品は次のよう規定されている。

・雑音スペクトラム密度：3.5nV/√Hz（Typ）、4.5nV/√Hz（Max）

　ここで、4.5nV/√Hzのワースト値を20kHz帯域での実効値換算Nrmsを計算すると次の通りである。

$$\mathrm{Nrms} = 4.5\mathrm{nV}\sqrt{20\mathrm{kHz}} = 636\mathrm{nV(rms)} \cdots\cdots\cdots\cdots\cdots\cdots\cdots\cdots\cdots 式1\text{-}40$$

　従って、NJM5534Dの値よりわずかに低くなる。これはNJM5534Dの場合、雑音選別の条件にRIAAの記述があることからわかる通り、RIAA特性を持つ回路条件でのノイズ選別を行っていることと、NE5534Aでは単純な入力換算ノイズ（フラット周波数特性回路）として選別していることの違いによるものである。

　筆者の実経験からも、両者のノイズ特性の実力差はデバイス個々の特性バラツキ以上の差異はなく、メーカーを意識しての選択の必要はないと思われる。

■THD＋N特性

　5532/5534型のTHD＋N特性は極端な低THD特性ではないが、オーディオ/デジタルオーディオアプリケーションで十分実用的な低THD＋N特性であると言える。NE5534とNJM5534とではデータシートに記載しているTHD＋N特性グラフのパラメーターが異なる。図1-132にTHD＋N特性グラフを示す。同図左側はNE5534におけるTHD＋N対信号周波数特性、同図右側はNJM5534におけるTHD＋N対信号レベル特性である。また、NE5534ではバッファー（Av＝1）回路での条件、NJM5534では20dBゲイン回路のものであり、直接の特性比較はできない。

　図1-132左側のTHD＋N対周波数特性グラフでは回路ゲイン＝1、出力レベル＝2Vrmsの条件がグラフ内に規定されている。THD＋N値は0.002%とやや悪い値となっているが、これは当特性測定において、信号周波数＝100kHzまでの特性が示されていることから帯域制限LPFを用いていないことによると思われる（測定帯域に関する記述な

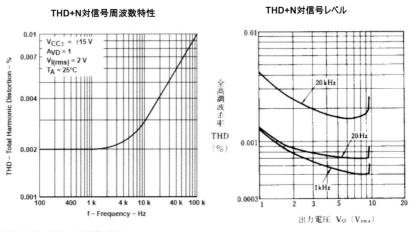

図1-132　THD＋N特性グラフ

し）。**図1-132**右側のTHD＋N対信号レベル特性においても測定帯域に関する記述はないが、ある程度の帯域制限LPFを用いての実測値と推測できる。NJM5534では2Vrms出力時、信号周波数f＝1kHzにおけるTHD＋N値は約0.0008%、最良出力レベルでは約0.0005%となっている。

■回路設計の特徴

　5532型と5534型の基本回路構成はほぼ同じなので、ここでは5534型をベースにその回路設計の特徴について説明する。**図1-133**にNE5534の内部等価回路を示す。

　5532/5534型はバイポーラー入力オペアンプICなので、初段差動入力回路はNPNトランジスターの抵抗負荷＋定電流ソース構成差動増幅回路となっている。初段NPNトランジスターのノイズは最も重要なファクターのひとつになるが、バイポーラープロセス自身のノイズと回路動作状態によるノイズのバランスを最適化した設計となっていると思われる。回路は合計3ステージ構成（初段増幅回路、中間増幅回路、出力回路）となっており、これは一般的なオペアンプICと同様であるが、巧みなアクティブロードとカレントミラーの組み合わせにより、全体にバランスがとれた特性が得られるように設計されている。他のオペアンプでも見られるが、局部的にフィードバックキャパシターを用いた低THD特性化も実現している。5534型においては初段差動出力-最終ステージドライブ回路間に位相（帯域幅）補正用コンデンサーが接続できる端子が用意されている。

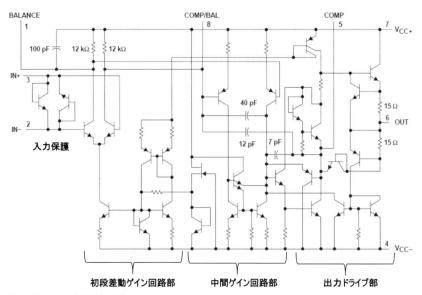

図1-133　5534内部等価回路

図**1-134**に5534型オペアンプにおける位相補償コンデンサーとDCオフセット電圧調整回路の接続図を示す。

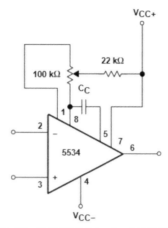

図1-134 位相補償/DCオフセット調整回路

■応用回路設計上の留意点

本項では5532/5534型の応用設計上の留意点について簡単に説明する。他のバイポーラー入力型オペアンプとも共通であるとも言える。

・入力抵抗に関する留意

既述の通り、5532/5534型オペアンプICはバイポーラー入力型なのでFET入力に比べて入力インピーダンスは低めの値となっている。データシート上ではTyp・100kΩ、Min・30kΩで規定されている。すなわち回路設計においては入力側信号源インピーダンスについて制約を有することになる。30kΩの最小値に対して1%のゲイン誤差許容での信号源インピーダンスは単純計算で300Ω以下となる。

・電源電圧の留意点

5532/5534型オペアンプICの電源条件はバイポーラー電源で、±5V～±22Vがその電源電圧範囲となっている。推奨条件は±5V～±15Vと表記されているが、動特性、ダイナミック特性の観点からは±15V～±18V電源での使用を推奨される。これはゲイン帯域幅積、スルーレートの各特性が電源電圧依存性を有していることによる。

図**1-135**にNE5534でのユニティゲイン（UG）およびスルーレート（SR）の対電源電圧特性を示す。このグラフはNormalized（正規化）値なので、規定値を1として、1からの変化を表している。たとえば、スルーレート13V/μsは±15V条件での値で、これを1とすると、グラフから±5Vでは0.64となり、13×0.64＝8.32V/μsが実際値となる。

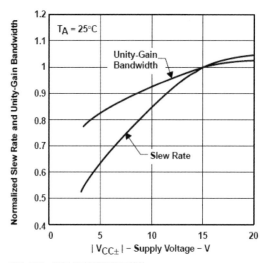

図1-135　SR/UG 対電源電圧特性

1-11-3　5532/5534 応用回路設計例

　デュアル構成オペアンプとしての最もポピュラーなものは2段構成高ゲインアンプがあるが、ここでは筆者が過去在籍していた日本 TI 社の最高グレード、オーディオ DAC "PCM1792A" のアナログ出力回路における応用例について解説する（実は PCM1792A の評価ボードも筆者の設計であった）。

　図1-136 に差動電流出力に対する出力回路構成とノイズ計算例を示す。アンプ A1、アンプ A2 は差動電流出力に対する I/V 変換回路で、それぞれの入力換算雑音を en1、en2 とする。また、A1、A2 のノイズゲインを G1、G2 とする。アンプ A3 は差動-シングル変換のバランスアンプで、このアンプの入力換算雑音を en3、ノイズゲインを G3 とする。

　この構成においては、A1、A2、A3 の3つのオペアンプのノイズと回路ノイズゲインが総合されて出力ノイズ eno となる。この総合出力ノイズ eno は

$$\mathrm{eno} = \sqrt{\{(\mathrm{en1} \times G1 \times G3)^2 + (\mathrm{en2} \times G2 \times G3)^2 + (\mathrm{en2} \times G3)^2\}} \quad \cdots\cdots\text{式1-41}$$

で求めることができる。ここで、I/V アンプ回路のノイズゲイン G1、G2 は1として扱える。またバランスアンプ回路のノイズゲインも1として扱うと上式は

$$\mathrm{eno} = \sqrt{3\mathrm{n}^2} \quad \cdots\cdots\cdots\cdots\cdots\cdots\cdots\cdots\cdots\cdots\cdots\cdots\cdots\cdots\cdots\text{式1-42}$$

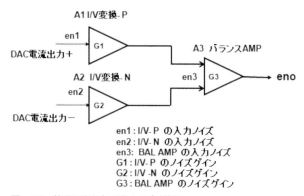

図1-136 差動電流出力回路ノイズ計算例

ここで、n：オペアンプA1、A2、A3のノイズ（n = en1 = en2 = en3）と簡略化できる。

ここで重要なのは、DACのノイズ特性（仕様）である。PCM1792AではA-weightedフィルター、20kHz帯域条件で2Vrms信号に対するS/Nは127dB（Typ）を規定している。

2Vrms信号の−127dBノイズレベルは単純計算で、約1.2μVrmsとなる。

■5532Aを用いたときのノイズ実計算例

NE5532A（ノイズ選別品）の入力換算雑音仕様は、n = 5nV/$\sqrt{\text{Hz}}$である。

これを20kHz帯域幅で実効値換算するとn = 707nVrmsとなり、この値を式1-42に代入すると次の通りである。

$$\text{eno} = \sqrt{3\text{n}^2} = \sqrt{(3 \times 707\text{nV})^2} = 1.224\mu\text{Vrms} \cdots\cdots\cdots\cdots\cdots\cdots\cdots\cdots\text{式1-43}$$

これを2Vrms時のS/Nで計算すると次のようになる。

$$\text{SNR} = 20\text{Log}(1.224\mu\text{V/2V}) = 122.7\text{dB} \cdots\cdots\cdots\cdots\cdots\cdots\cdots\cdots\text{式1-44}$$

■5534Aを用いた時のノイズ計算例

NE5534A（ノイズ選別品）の入力換算雑音仕様は、n = 3.5nV/$\sqrt{\text{Hz}}$である。

これを20kHz帯域幅で実効値換算するとn = 495nVrmsとなり、この値を式1-42に代入すると次のようになる。

$$\text{eno} = \sqrt{3\text{n}^2} = \sqrt{(3 \times 495\text{nV})^2} = 857\text{nVrms} \cdots\cdots\cdots\cdots\cdots\cdots\cdots\cdots\text{式1-45}$$

これを2V信号とのS/Nで計算すると次のようになる。

$$\text{SNR} = 20\text{Log}(857\text{nV/2V}) = 125.2\text{dB} \cdots\cdots\cdots\cdots\cdots\cdots\cdots\cdots\text{式1-46}$$

■ノイズ計算のまとめ

　前述のノイズ計算には A-weighted フィルターによる低域/高域の減衰周波数特性が加わっていないので、実際に A-Weighted フィルターを併せたときの値は 1.5〜2dB 向上する。

　従って、アナログ回路にすべて同じオペアンプ IC を用いたとすると 2dB の上乗せで、

・NE5532A = 124.7dB
・NE5534A = 127.2dB

とそれぞれなる。これは Typ 値であるが、重要な点は、PCM1792A の S/N 特性（仕様）の 127dB を実現するには、出力回路に用いるオペアンプ IC は 5532A では不可能で、5534A でなければならないことが計算で求められる。

1-11-4　5532/5534 アプリケーション例

　図1-137 は PCM1792A の評価ボードに用いられている実際のバランスアンプ回路である。この回路では、バランス－シングル変換機能と併せて、2次 MFB 型アクティブ LPF 回路を兼用している。

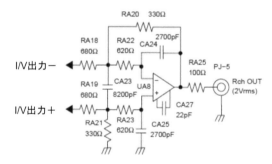

5534A での回路。CA27=22pF は位相補正コンデンサ。
電源接続とデカップリングコンデンサは省略。

図1-137　差動変換兼 LPF 回路例

　回路ゲイン G は、入力/帰還抵抗比（330Ω/680Ω）で G = 0.49 と約 1/2 となる。これは I/V 変換出力レベルが高いのと、差動信号（出力が2倍）への対応としていることによる。

　図1-138 に2次 FDNR×3 ステージ＋1次＝7次 LPF の回路構成例を示す。

　5532型のデュアル（2回路）構成のメリットを活かせる回路のひとつとして GIC（Generalized Impedance Converter）型フィルターが掲げられる。GIC 回路の詳細は省略するが、抵抗をコンデンサーC、インダクタンスL、あるいはD素子（計算上のインピーダンス）

に変換できる回路である。

インピーダンス$Z = (D/\omega^2)$

1個のD素子として、通常オペアンプ2回路で2次のフィルターを構成できる。回路構成によっては、FDNR（Frequency Dependent Negative Resistance）回路として機能することとになる。

このフィルター回路は「オーディオ的観点」での特徴はユニークである。回路を見てわかる通り、オーディオ信号そのものはオペアンプICを通過しないところにある。すなわち、オペアンプの音質への影響の点では、他のアクティブフィルター構成に比べてオーディオ信号が直接通過しないことにより、その影響度を最小限とすることができる。ただし、信号は通過しないものの、素子（主にコンデンサー）としての影響は一般的なコンデンサー素子と同等に存在する。

図1-138の回路定数では、通過帯域は約40kHz、信号周波数100kHzでは70dB程度の高い減衰量を得ることがでる。高性能CDDAプレーヤーやAVアンプなどにおいて、デジタルオーディオ特有の帯域外ノイズ除去とサンプリングスペクトラム除去を、理想状態に近いレベルまで減衰させる目的で用いられるケースもある。

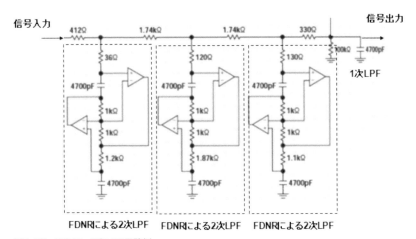

図1-138 FDNR・7次LPF回路例

1-12　FET入力低歪みオペアンプIC　OPA604

　TI：テキサス・インスツルメンツ社（バー・ブラウンブランド）のFET入力オペアンプ
IC OPA604の特徴は、音質の良さ、卓越したオーディオサウンド再生を設計・開発段階
から意図して開発されたオペアンプICである。超低ノイズ特性や特に広帯域といった特
性は有していないもののバランスの取れた特性を有している。

　図1-139にOPA604のデータシート・フロントページの抜粋を示す。OPA604の特徴は、
優れたダイナミック特性、低THD＋N特性に加えて、最大±24V電源まで動作が可能な
ことである。これは比較的振幅レベルの大きなオーディオ信号を扱えることを意味してお
り、かつ600Ω負荷をドライブできることにある。OPA604はシングルタイプであるが、
デュアルタイプのOPA2604もファミリー製品である。

FEATURES

- LOW DISTORTION: 0.0003% at 1kHz
- LOW NOISE: 10nV/√Hz
- HIGH SLEW RATE: 25V/µs
- WIDE GAIN-BANDWIDTH: 20MHz
- UNITY-GAIN STABLE
- WIDE SUPPLY RANGE: V_s = ±4.5 to ±24V
- DRIVES 600Ω LOAD
- DUAL VERSION AVAILABLE (OPA2604)

APPLICATIONS

- PROFESSIONAL AUDIO EQUIPMENT
- PCM DAC I/V CONVERTERS
- SPECTRAL ANALYSIS EQUIPMENT
- ACTIVE FILTERS
- TRANSDUCER AMPLIFIERS
- DATA ACQUISITION

DESCRIPTION

The OPA604 is a FET-input operational amplifier designed for enhanced AC performance. Very low distortion, low noise and wide bandwidth provide superior performance in high quality audio and other applications requiring excellent dynamic performance.

New circuit techniques and special laser trimming of dynamic circuit performance yield very low harmonic distortion. The result is an op amp with exceptional sound quality. The low-noise FET input of the OPA604 provides wide dynamic range, even with high source impedance. Offset voltage is laser-trimmed to minimize the need for interstage coupling capacitors.

The OPA604 is available in 8-pin plastic mini-DIP and SO-8 surface-mount packages, specified for the −25°C to +85°C temperature range.

PIN CONFIGURATION

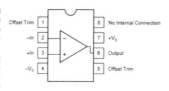

図1-139　OPA604フロントページ・抜粋

■FET構成

　図1-140にOPA604の簡略等価回路を示す。等価回路からわかる通り、初段差動入力は
FETで構成されている。FET入力のオペアンプは多く存在するが、OPA604では次段増
幅回路もFETで構成されている。カレントミラーなどの電流源やバイアス回路にはバイ
ポーラートランジスターも用いられているが、信号増幅系のデバイスはFETであり、こ
のFET構成がOPA604の音質面での特徴を形成している。最終出力ステージの信号は回

路技術としてのDistortion Rejection Circuitryにて非直線性によるTHD特性の改善に寄
与している。

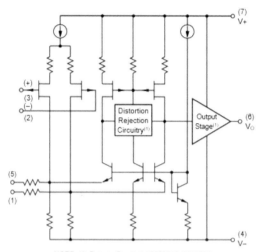

NOTE: (1) Patents Granted: #5053718, 5019789

図1-140　OPA604簡略ブロックダイアグラム

1-12-1　OPA604主要特性

　図1-141にOPA604電気的特性スペックを示す。OPA604AP（DIPパッケージ）と
OPA604AU（SOパッケージ）での電気的特性の差異はなく、他のモデルと同様に基本条
件は周囲温度＝＋25℃、電源電圧＝±15Vのものである。

■入力オフセット電圧/入力バイアス電流と入力インピーダンス

　入力オフセット電圧は、±1mV（Typ）、±5mV（Max）で規定されている。これは標準
的なオーディオアプリケーションで特に問題のない低オフセット電圧である。初期値の他
に温度ドリフトと電源電圧依存度（PSR）が規定されている。また、入力バイアス電流は、
初期値50pA（Typ）、オフセット電流値±3pA（Typ）で規定されている。これはFET入力
型の特徴のひとつである非常に小さな値である。この結果、入力インピーダンス特性は差
動条件にて、抵抗$10^{12}\Omega$・並列容量8pFで規定されている。これも標準的なFET入力タイ
プと同じ高インピーダンス特性である。

■ノイズ特性

　ノイズ特性は入力雑音電圧と入力雑音電流が規定されているが、入力雑音電流は非常に
小さい（4fA/$\sqrt{\text{Hz}}$）ので雑音電圧に着目しておけばいい。

・入力雑音電圧スペクトラム密度：11nV/$\sqrt{\text{Hz}}$（Typ）

・入力雑音電圧実効値：1.5μVpp（20Hz～20kHz、Typ）

　いずれも低ノイズであるが、他の超低ノイズオペアンプIC（AD797、LME49860、LT1115など）に比べると、やや大きい値である。

| PARAMETER | CONDITION | OPA604AP, AU | | | UNITS |
		MIN	TYP	MAX	
OFFSET VOLTAGE					
Input Offset Voltage			±1	±5	mV
Average Drift			±8		μV/°C
Power Supply Rejection	V_S = ±5 to ±24V	80	100		dB
INPUT BIAS CURRENT[1]					
Input Bias Current	V_{CM} = 0V		50		pA
Input Offset Current	V_{CM} = 0V		±3		pA
NOISE					
Input Voltage Noise					
Noise Density: f = 10Hz			25		nV/$\sqrt{\text{Hz}}$
f = 100Hz			15		nV/$\sqrt{\text{Hz}}$
f = 1kHz			11		nV/$\sqrt{\text{Hz}}$
f = 10kHz			10		nV/$\sqrt{\text{Hz}}$
Voltage Noise, BW = 20Hz to 20kHz			1.5		μV$_{PP}$
Input Bias Current Noise					
Current Noise Density, f = 0.1Hz to 20kHz			4		fA/$\sqrt{\text{Hz}}$
INPUT VOLTAGE RANGE					
Common-Mode Input Range		±12	±13		V
Common-Mode Rejection	V_{CM} = ±12V	80	100		dB
INPUT IMPEDANCE					
Differential			10^{12} ‖ 8		Ω ‖ pF
Common-Mode			10^{12} ‖ 10		Ω ‖ pF
OPEN-LOOP GAIN					
Open-Loop Voltage Gain	V_O = ±10V, R_L = 1kΩ	80	100		dB
FREQUENCY RESPONSE					
Gain-Bandwidth Product	G = 100		20		MHz
Slew Rate	20V$_{PP}$, R_L = 1kΩ	15	25		V/μs
Settling Time: 0.01%	G = −1, 10V Step		1.5		μs
0.1%			1		μs
Total Harmonic Distortion + Noise (THD+N)	G = 1, f = 1kHz		0.0003		%
	V_O = 3.5Vrms, R_L = 1kΩ				
OUTPUT					
Voltage Output	R_L = 600Ω	±11	±12		V
Current Output	V_O = ±12V		±35		mA
Short Circuit Current			±40		mA
Output Resistance, Open-Loop			25		Ω

図1-141　主要電気的特性スペック

■開ループゲイン/位相特性

　図1-142に開ループゲイン/位相特性を示す。

　スペック規定では100dB（Typ）、80dB（Min）で規定されているが、**図1-142**の特性グラフは（Typ））値の特性である。10MHzはオーディオアプリケーションでは十分な帯域であり、位相特性も問題のないレベルである。これらの結果として、OPA604ではオープンループゲインは他のオペアンプに比べて比較的小さく（100dB標準、80dB最小）設定されている。このことは閉ループでのゲインアンプ回路に用いる場合、高ゲイン設計には不向きであることを意味している。

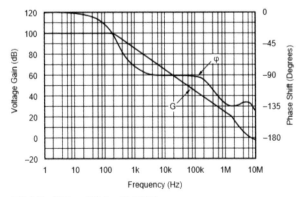

図1-142　開ループゲイン/位相特性

■THD＋N特性

THD＋N特性は**図1-141**の主要スペックから次のように規定されている。

・THD＋N：0.0003%（Typ）、f＝1kHz、Vo＝3Vrms、RL＝1kΩ

この規定値はTyp値のみでワースト値（Max）は規定されていない。**図1-143**に OPA604データシートに記載されているTHD＋N対信号レベル（同図左側）、THD＋N 対信号周波数（同図右側）をそれぞれ示す。測定帯域は**図1-143**にグラフ内にBW＝ 80kHzであることが提示されている。対信号レベル特性では、信号周波数f＝1kHzでの 信号出力が5〜6Vrmsの比較的大きな信号レベルで最良となっている。また、対信号周波 数ではゲインG＝1、G＝10、G＝100の各ゲイン設定条件で20Hz〜20kHz条件での特 性が示されている。同特性より、f＝1kHz程度まではフラットな特性であるが、f＝ 2kHzからTHD＋Nは上昇する傾向があることがわかる。

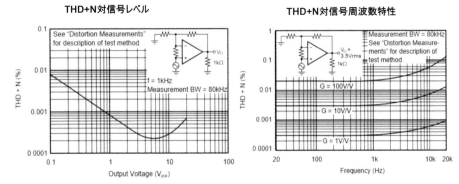

図1-143　THD＋N特性グラフ

■**スルーレートとセトリングタイム**

　図1-141のスペック表から、スルーレートSRとセトリングタイムtsはそれぞれ次のように規定されている。

・SR：20V/μs（Typ）、15V/μs（Min）：20Vpp、RL＝1kΩ

・ts：1.5μs（Typ、0.01％精度）、0.1μs（Typ、0.1％精度）

　スルーレートSRはオーディオ用としては十分な余裕のある値であり、特に問題ない。また、セトリングタイム・tsはG＝－1（反転アンプ構成）、RL＝1kΩ条件のものである。

　図1-144にセトリングタイム対回路ゲイン特性を示す。セトリングタイムtsは回路ゲインが大きくなるほど時間が増加する傾向がある。同特性グラフ内には負荷条件に負荷容量CL＝50pFが付記されている。この負荷容量CLはやや大き目な設定条件であるので、実装ではやや有利になると思われる。

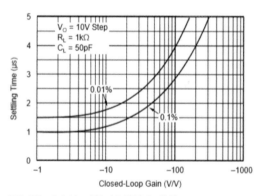

図1-144　セトリングタイム対ゲイン特性

　デジタルオーディオアプリケーションにおいて、サンプリングレートfs＝192kHzの条件でのデータレートTdは、Td＝1/192kHz＝5.21μsと計算できる。従って、OPA604のセトリングタイム特性はハイレゾ再生においても優れた応答性を有していると言える。

■**定格出力**

　定格出力に関するスペック規定は**図**1-141のスペック表から次の通り規定されている。

・出力電圧：±12V（Typ）、±11V（Min）/600Ω負荷

・出力電流：±35mA（Typ）/Vo＝±12V

　図1-145に出力電圧対信号周波数特性グラフを示す。

　同グラフから明らかなように、600Ω負荷条件であっても最大400kHzの周波数まで最大振幅信号（±12Vpp）を扱えることがわかる。

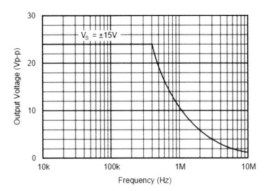

図1-145　出力レベル対信号周波数特性

1-12-2　OPA604音質傾向とアプリケーション例

■OPA604の回路構成と音質傾向の関係

　OPA604が信号増幅系にFETを使用していることは前述の通りであるが、ここで、FETとバイポーラーで、その動作にどのような特徴を有しているかについて解説する。

　前述の「コラム2―**図2**」はOPA604のデータシートに記載されているものであるが、FETとバイポーラーによる伝達特性をそれぞれ示している。同図においてVGSはDCバイアスと1kHzサイン波信号の信号ソースであり、トランジスター（FETとバイポーラー）伝達特性により増幅されて出力信号電圧Voは非直線性による高調波（THD）が発生する。ここでバイポーラーの場合は、2次、3次、4次〜と偶数次、奇数次両方の高調波が発生する。一方、FETにおいては2次がほとんどの偶数次高調波しか発生しない。これは真空管の伝達特性と近似しており、実際の音質傾向も真空管的なものに近似している。実際、OPA604の音質傾向の特徴は暖かいサウンドにある。分解能の高さ、繊細さという要素よりは落ち着いたパワー感と刺激的なものが一切ない、聴きやすさを前面に出したサウンドと言える。当然これは、主観要素と条件により異なることは言うまでもない。

■アプリケーション回路例―1

　OPA604の特徴は高い負荷ドライブ能力、大振幅信号対応となるとラインドライバーのようなアプリケーションが最適な応用回路のひとつと言える。**図1-146**にシングルエンド入力‐差動（バランス）出力変換ラインドライバー回路例を示す。

　この回路ではふたつのOPA604を使用しているが、デュアルタイプのOPA2604も使用することができる。回路構成の正相出力側はOPA604の特徴を活かしたG＝＋2低ゲイン非反転アンプ構成に容量負荷対策をしている。一方、逆相出力側はG＝−2の反転アンプ構成とし同様に容量負荷対策をしている。600Ω負荷対応はもちろんであるが、たとえば、

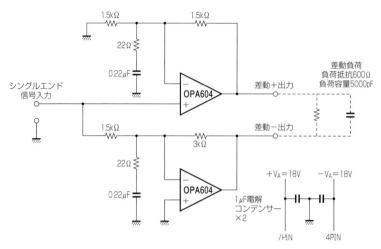

図1-146　シングル-差動変換経路例

出力に接続されるバランス伝送ケーブルの容量が大きい場合（最大5000pF程度）にも対応することができる。電源電圧を±18Vとすることにより、データシートの特性グラフから±12V（Peak-to-Peak）の大振幅信号を信号周波数100kHz以上までに対応してドライブすることが可能である。実効的なTHD特性は0.001%、24V-pp（8.5Vrms）信号とのS/Nは、入力換算雑音が100kHz帯域で3.5μVrms、ノイズゲインを3倍で（$3 \times 3.5 = 10.5\mu$V）計算すると次のように求めることができる。

・SNR = 20Log（10.5μV/8.5V） = 118（dB）

■**アプリケーション回路例—2**

　図1-147にアプリケーション例—2としてOPA604による真空管ドライブ回路例を示す。

　同図において、OPA604は最大ゲイン10倍（20dB）の非反転型アンプである。非反転入力信号をVR（10kΩ）で制御し音量コントロールとしている。帰還ループ内には27Ωの抵抗を挿入して容量性負荷への安定度を向上させている。27pFのコンデンサーは位相補償のよる安定性の向上と高域周波数帯域に対するLPF機能を兼ねている。OPA604の最大出力信号振幅は±18Vppを得ることができ、ACカップリング（コンデンサー結合）にて出力（電力）ステージの真空管（2A3他）出力回路をドライブする。真空管アンプでは信号増幅段の真空管によるノイズが気になるところだが、OPA604を用いることにより、真空管アンプと同等の音質傾向と低ノイズ化の両方を実現することができる。出力段のNFBを含めた総合的なNFBについては別途考察する必要がある。

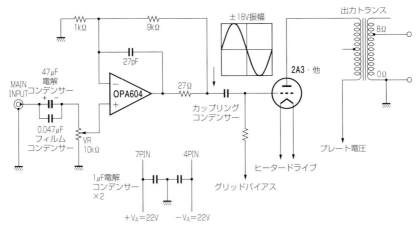

図1-147　真空管ドライブ回路例

1-13　高速・高精度FET入力オペアンプ　OPA627

図1-148にOPA627データシート、フロントページの抜粋を示す。

OPA627は、OPA627、OPA637の2モデルを有する高速オペアンプファミリーのモデルのひとつである。データシートのタイトルは、「Precision High-speed Difet® Operational Amp」となっており、特にオーディオアプリケーション専用に開発されたものでないことを示している。しかし、その高い応答特性性、低雑音特性、低THD特性は、オーディオ信号を含めたアナログ信号処理において卓越した実力を発揮することができる。TI社（発売当時はバー・ブラウン社）の高速オペアンプファミリーのいくつかは、高速・応答特性と低雑音特性を両立させた同社独自開発の高精度プロセス技術として、Difet®プロセスを用いている。これは、「Dielectrically Isolated FET」と称されているプロセスで、半導体のシリコンチップにおいてFETデバイスがシリコン上分離（Isolated）されている構造となっている。これはバイアス電流のリークはもとより、他の多くの半導体物性で発生する同一シリコン（チップ）内の物理的相互干渉を最小限化している。単純なCMOSあるいはバイポーラープロセスに比べてやや複雑なプロセス工程を必要とするため、モデルによってはやや価格が高いということもは否めないが、OPA627に関しては価格相応の特性（音質）を得ることができる。筆者個人の趣向であるが、**図1-148**のトップで示されているメタルCANタイプ（TO-99、パッケージが金属のCANになっている）のモデルは独特の高音質再生特性（聴感）を示す。

OPA627
OPA637

Precision High-Speed
Difet® OPERATIONAL AMPLIFIERS

FEATURES
- VERY LOW NOISE: 4.5nV/√Hz at 10kHz
- FAST SETTLING TIME:
  OPA627—550ns to 0.01%
  OPA637—450ns to 0.01%
- LOW V_{OS}: 100μV max
- LOW DRIFT: 0.8μV/°C max
- LOW I_B: 5pA max
- OPA627: Unity-Gain Stable
- OPA637: Stable in Gain ≥ 5

APPLICATIONS
- PRECISION INSTRUMENTATION
- FAST DATA ACQUISITION
- DAC OUTPUT AMPLIFIER
- OPTOELECTRONICS
- SONAR, ULTRASOUND
- HIGH-IMPEDANCE SENSOR AMPS
- HIGH-PERFORMANCE AUDIO CIRCUITRY
- ACTIVE FILTERS

図1-148　OPA627データシート・フロントページ・抜粋

1-13-1　OPA627主要特性

　OPA627の主要特性スペック（抜粋）を**図1-149**に示す。これはOPA626データシート電気的特性スペックを抜粋したものである。DC特性である入力オフセット電圧や入力バイアス電流、入力インピーダンスなどはここでは同図では省略しているので以下に掲げる。

・入力オフセット電圧：130μV（Typ）、200μV（Max）

・入力バイアス電流：2pA（Typ）、10pA（Max）

・入力インピーダンス：1013Ω∥8pA

PARAMETER	CONDITIONS	OPA627BM, BP, SM OPA637BM, BP, SM MIN	TYP	MAX	OPA627AM, AP, AU OPA637AM, AP, AU MIN	TYP	MAX	UNITS
NOISE Input Voltage Noise								
Noise Density: f = 10Hz			15	40		20		nV/√Hz
f = 100Hz			8	20		10		nV/√Hz
f = 1kHz			5.2	8		5.6		nV/√Hz
f = 10kHz			4.5	6		4.8		nV/√Hz
Voltage Noise, BW = 0.1Hz to 10Hz			0.6	1.6		0.8		μVp-p
Input Bias Current Noise								
Noise Density, f = 100Hz			1.6	2.5		2.5		fA/√Hz
Current Noise, BW = 0.1Hz to 10Hz			30	60		48		fAp-p
OPEN-LOOP GAIN								
Open-Loop Voltage Gain	V_O = ±10V, R_L = 1kΩ	112	120		106	116		dB
Over Specified Temperature	V_O = ±10V, R_L = 1kΩ	106	117		100	110		dB
SM Grade	V_O = ±10V, R_L = 1kΩ	100	114					dB
FREQUENCY RESPONSE								
Slew Rate: OPA627	G = −1, 10V Step	40	55		*	*		V/μs
OPA637	G = −4, 10V Step	100	135		*	*		V/μs
Settling Time: OPA627 0.01%	G = −1, 10V Step		550		*	*		ns
0.1%	G = −1, 10V Step		450		*	*		ns
OPA637 0.01%	G = −4, 10V Step		450		*	*		ns
0.1%	G = −4, 10V Step		300		*	*		ns
Gain-Bandwidth Product: OPA627	G = 1		16		*	*		MHz
OPA637	G = 10		80		*	*		MHz
Total Harmonic Distortion + Noise	G = +1, f = 1kHz		0.00003		*	*		%

図1-149　主要スペック・抜粋

　OPA627の大きな特徴はノイズ特性とダイナミック特性であるので、以下各スペックについて解説する。

■ノイズ特性

　図1-149にOPA627のデータシートでノイズ特性が示されている。f＝1kHzにおけるノイズスペクトラム密度は、

　Aモデル：5.6nV/√Hz（TYP）

　Bモデル：5.2nV/√Hz（TYP）、8.2nV/√Hz（MAX）

　でそれぞれ規定されている。

　Aモデルでの、5.6nV/√Hzを20kHz、100kHz帯域幅でのノイズ実効値、および2Vrms信号基準のS/Nに換算すると次のようになる。

・20kHz帯域ノイズ：$5.6nV\sqrt{20kHz} = 792nVrms$

・20kHz帯域SNR：20Log（792nV/2V）＝ 128（dB）

・100kHz帯域ノイズ：$5.6nV\sqrt{100kHz} = 1.771\mu Vrms$

・100kHz帯域SNR：20Log（1.771μV/2V）＝ 121（dB）

　これらのノイズ特性は一部の超低ノイズ要求アプリケーションを除いて、ほとんどのオーディオアプリケーションで実用上問題ないレベルと言える。本書で既出のAD797や5532/5534型オペアンプに比べると規定値はやや大きいことは事実であるが、それは適材適所で、実使用アプリケーションでの要求仕様により他部分（性能）での利点を活かすことができると言える。

　図1-150にソース抵抗対雑音スペクトラム密度（左側）と入力雑音実効値対帯域幅（右側）の特性グラフを示す。図1-150左側のソース抵抗対入力雑音密度特性グラフでは、OPA627＋ソース抵抗Rsのグラフと、汎用的なオペアンプICであるOPA27のグラフ（破

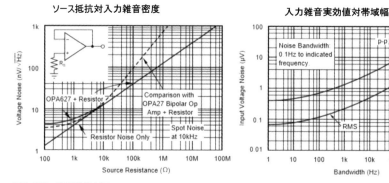

図1-150　雑音特性グラフ

線）、ソース抵抗のみのグラフ（1kHz以下の周波数で一番下のグラフ線）がそれぞれ示されている。また、**図1-150**右側の入力雑音実効値対帯域幅グラフでは実効値（RMS）とピーク値（pp）が示されている。同グラフからは50kHz帯域幅でも1μVrmsの低ノイズ特性であることがわかる。

■ダイナミック特性

　OPA627の大きな特徴のひとつは卓越したダイナミック特性にある。主要ダイナミック特性は**図1-149**のデータシート最下段で規定されている通りである。

● ゲイン帯域幅積

　OPA627のG＝1でのゲイン帯域幅積は16MHz（TYP）で規定されている。**図1-151**に開ループゲイン特性（左側）と開ループゲイン/位相特性（右側）を示す。データシートではOpen-Loop Voltage Gainとして116dB（Typ）、106dB（Min）で規定されている。

　図1-151左側の特性グラフでは信号周波数100kHzにおいても50dB程度のゲインを有しており、帯域特性としての余裕ある特性となっていることがわかる。これは同図右側に示すゲイン/位相特性を見るとより明らかになる。G＝1、16MHzにおける位相余裕は同図から75°以上あり、これは後述する過渡応答性においても余裕あるダイナミック特性動作を実現していることになる。

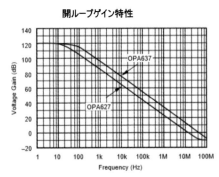

図1-151　開ループゲイン/位相特性

■スルーレートとセトリングタイム

　過渡応答性を表わす目安のスルーレート特性であるが、OPA627では、

・55V/μs（Typ）

・40V/μs（Min）

で規定されており、大振幅な急峻な変化を有する信号、高い周波数での信号に対して余裕をもって対応可能な仕様となっている。D/AコンバーターIC出力回路アプリケーション

においても、2Vrms（約6Vpp）信号を最大周波数100kHzのおける最大傾斜を計算すると、

・$\Delta V = 2\pi 100kHz \cdot 6V = 3.8V/\mu sec$

となり、$40\mu V/\mu sec$のスペックは十分な余裕がある。

　一方、アナログオーディオ信号処理でのステップ応答特性の正確さと応答時間の速さでは、このセトリングタイムが最も重要な特性となる。**図1-152**にデータシート記載のセトリングタイム特性を示す。

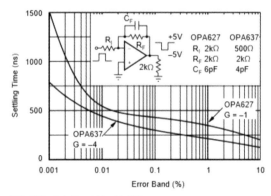

図1-152　セトリングタイム特性

　セトリングタイムは所定の精度（たとえば規定電圧レベルの0.1%など）に収束する全応答特性（時間）を示している。OPA627では10Vステップ条件で、

・550nsec/0.01% 精度

・450nsec/0.1% 精度

でそれぞれ規定されている。0.01%より高い精度、たとえば16ビット分解能精度（0.0015%）へのセトリングタイムは**図1-152**のグラフから確認することができ、同グラフから読み取ると約$1.5\mu sec$（1500nsec）となる。これはハイレゾのfs = 192kHz（$5.68\mu sec$）やfs = 384kHz（$2.84\mu sec$）に対しても余裕のあるスペック値である。

■THD＋N特性

　オーディオアプリケーションで最も重要な特性であるTHD＋N特性であるが、OPA627においては次のように規定されている。

・THD＋N = 0.00003%（Typ、G = 1、f = 1kHz）

　この規定スペックはきわめて低THD＋N特性である。

　図1-153にデータシート記載のTHD＋N対信号周波数特性を示す。同図内に測定回路が示されているが、非反転増幅回路で負荷条件は600Ω抵抗と100pFコンデンサーの並列

接続となっている。また、測定帯域はBW = 80kHzと広帯域条件でもある。

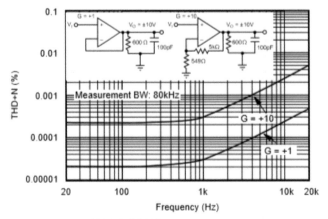

図1-153　THD＋N対信号周波数特性

　一方、これは筆者の実体験であるが、実アプリケーション状態で0.0001%以下はなかなか実現することは困難であり、実際のTHD＋N特性では20kHz帯域条件において0.0003%程度の実力値となっている。すなわち、実装条件により0.00003%を実現するのはなかなか難しい。いずれにしろ、0.001%未満の低THD＋N特性であることは変わらず、ほとんどの実アプリケーションで相応の低THD＋N特性を得ることができると言える。

1-13-2　OPA627の回路特徴とアプリケーション例
　本項ではOPA627の回路構成の特徴と実アプリケーション例について解説する。

■OPA627の回路構成
　図1-154にOPA627の簡略等価回路を示す。入力段は前述のDifet®プロセスによるFET入力で、カスコード接続アクティブロード構成により広帯域特性を実現している。次段カレントミラーからドライブ、最終出力ステージ/回路に接続されている。カレントミラー部では局部帰還による位相補正も用いられており、このあたりは他のオペアンプICと共通する部分でもある。DCオフセット特性に対しては、低オフセット特性実現のための高安定薄膜抵抗＋レーザートリミング手法が用いられている。これはウエハーを通電状態で動作させ、オフセット電圧が所定の精度内になるように抵抗値を微調整する技術である。

■アプリケーション例—1：DAC出力I/V変換回路
　筆者がOPA627に最初に着目したのはマルチビット型DACにおけるI/V変換アプリケーション である（注：記事執筆時2010年）。I/V変換用オペアンプICとしてはTHD＋N

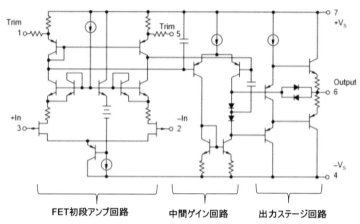

図1-154　OPA627簡略等価回路

などのオーディオ特性が重要であるが、マルチビット型DACの動作サンプリングレート
（変換出力レート）に対応したダイナミック特性も要求される。すなわち、オーディオ特
性と高速動作特性を兼ね合わせている必要がある。

　図1-155に24ビット・サインマグニチュード方式・マルチビット型D/Aコンバーター
IC・PCM1704の評価ボード、DEM-PCM1704のD/A変換部回路図（抜粋）を示す。D/A
コンバーターPCM1704の出力は、フルスケール±1.2mAで、オペアンプOPA627と帰還
抵抗（R101、2.5kΩ）によるI/V変換で次式に示す電圧出力信号Voに変換される。

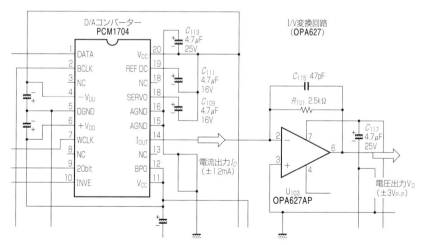

図1-155　DEM1704　I/V変換回路例

$Vo = \pm 1.2mA \times 2.5k = \pm 3Vpp$

R101、2.5kΩに並列に接続されているコンデンサー（C115、47pF）は過渡応答特性に対する補正用である。

● セトリングタイムの考察

一般的なマルチビット型DACの前段には8倍オーバーサンプリング・デジタルフィルターが組み合わせられており、入力基準サンプリングレートfsは×8fsとしてDACに入力される。ここで、基準fs = 48kHz/96kHzに対する×8fs変換レートはそれぞれ384kHz/768kHzとなり、これを変換時間・Tcに換算すると次のようになる。

$Tc = 1/384kHz = 2.604\mu sec$

$Tc = 1/768kHz = 1.302\mu sec$

すなわち、DAC出力アナログ信号は上式の変換レートで連続変換されるので、この変換スピードに十分対応する高速・応答性を有する必要がある。

ここで、前述のセトリングタイム特性が要求仕様に対して重要なファクターとなることはすぐわかると思われる。**図1-152**の特性グラフで示されている通り、0.0015%精度のセトリングタイム＝約$1.25\mu sec$はこの条件を余裕でクリアできることになる。

他のオペアンプICではセトリングタイムが規定されていないものや、規定されていても要求仕様を満足しないものがあり、選択には十分に注意しなければならない。

● ノイズ特性の考察

OPA627とPCM1704などのマルチビット型DACとの組み合わせにおいては、単純な回路構成（DAC、I/V変換、2次LPF）で120dB程度のS/Nを得ることができる。残念ながら、最新のPCM1792AなどのDACではDACノイズの方がOPA627よりも小さいので、総合S/NはOPA627のノイズ特性により制限されることになる。PCM1792A評価ボード上では124～125dB（20kHz帯域、A-Weighted）の実力となり、DAC規定S/N127dBにはやや不足する。それでもD/A変換システムとして見れば120dB以上の非常に高性能（超低ノイズ）を実現することができ、低THD＋N特性と優れた過渡応答特性は優れた総合オーディオ特性（音質を含む）を実現可能である。

■**アプリケーション回路例—2：容量性負荷ドライブ回路**

OPA627は高速応答オペアンプICであり、ライン出力ドライブなどのドライブ能力を要求されるアプリケーションには不向きとも言える。コンシューマアプリケーションにおいては、OPA627の「音質」を最優先としてOPA627で通常のライン出力（負荷インピーダンス＝数kΩ以上）にバッファーとして用いることには問題ないと言える。ただし、位相余裕が75°と大きくても負荷容量に対しては制限がある。**図1-156**にOPA627による容量性負荷（5000pF）対応バッファーアンプ回路例を示す。

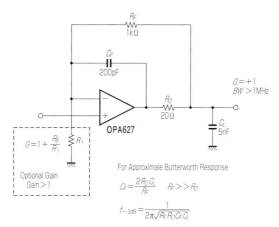

図1-156 容量性負荷ドライブ回路

■OPA627の音質傾向

　音質評価はたびたび触れている通り、あくまでも個人的な主観要素があるが、多くの評価者が同意見、感覚を有していることも前提に述べさせていただく。OPA627の使いどころによる差異ももちろん存在するが、DAC出力部におけるI/V変換回路オペアンプ、2次MFB型LPF回路オペアンプにおける他モデルとの比較評価において、最良の結果を得ることができた。一番の特徴はストレートな音の抜けの良さ、ワイドレンジ感、パワー感、表現力などの音質評価感覚で、抜群の聴き応えを確認することができた。電気的な諸特性が高くバランスが取れているといった電気特性に加えて、Difet®プロセスによる初段FET構成が音質に大きく貢献していると思われる。

1-14　高精度オーディオ用オペアンプIC　OPA2134

　OPA2134は、OPA134（シングル）、OPA2134（デュアル）、OPA4134（クワッド）のファミリーを有するFET入力オペアンプICで、電気的性能のバランスとコスト、そして何よりも音質面での評価が高いオペアンプICである。その優位性から多くのオーディオメーカーの製品に採用され、実際に各社の中〜高級モデルに搭載されていることを実機で確認することができる。

　当オペアンプICが開発されたのは1996年ごろだったと記憶しているが、前身はOPA2132（OPA132、OPA4132）ファミリー、ダイナミック信号用アプリケーションに開発されたオペアンプICで、これをオーディオアプリケーション向けの仕様（特性規格）にアレ

ンジしたものがOPA2134のファミリーである。**図1-157**にデータシート・フロントページ記載のFeatureとピン配置を示す。

図1-157　OPA2134データシート・フロントページ（抜粋）

1-14-1　OPA2134主要特性

　電気的特性面のうち、ノイズ特性に関しては、正直、他の低ノイズオペアンプIC（5532/5534タイプに代表される）に比べるとやや劣る。**図1-158**に5532ファミリーとOPA2134ファミリーの主要特性比較表を掲げる。ゲインバンド幅（GWP）に対してスルーレート（SR）が高いのは対ダイナミック信号に優位であり、これが音質面にも寄与していると推測できる。THD＋N特性は詳しくは後述するが、標準的アプリケーションでの実力値を示している。ただし、5532ファミリーでは特性規定はなく、標準特性曲線でTHD＋N特性が示されている。

■DC特性

　図1-158のスペック表からは割愛したが、OPA2134のDC特性である入力オフセット電圧、入力バイアス電流の初期値はそれぞれ次のように規定されている。

・入力オフセット電圧：±0.5mV（Typ）、±2mV（Max）
・入力バイアス電流：±5pA（Typ）、±50pA（Max）

　これらの特性（仕様）は一般的なオーディオアプリケーションで問題ない良好な特性値と判断できる。また、FET入力構成によりバイアス電流値はかなり小さく、差動入力インピーダンスについても、次の通りかなり高い特性が規定されている。

PARAMETER	CONDITION	OPA134PA, UA OPA2134PA, UA OPA4134PA, UA			UNITS
		MIN	TYP	MAX	
AUDIO PERFORMANCE					
Total Harmonic Distortion + Noise	G = 1, f = 1kHz, V$_O$ = 3Vrms				
	R$_L$ = 2kΩ		0.00008		%
	R$_L$ = 600Ω		0.00015		%
Intermodulation Distortion	G = 1, f = 1kHz, V$_O$ = 1Vp-p		–98		dB
Headroom[1]	THD < 0.01%, R$_L$ = 2kΩ, V$_S$ = ±18V		23.6		dBu
FREQUENCY RESPONSE					
Gain-Bandwidth Product			8		MHz
Slew Rate[2]		±15	±20		V/µs
Full Power Bandwidth			1.3		MHz
Settling Time 0.1%	G = 1, 10V Step, C$_L$ = 100pF		0.7		µs
0.01%	G = 1, 10V Step, C$_L$ = 100pF		1		µs
Overload Recovery Time	(V$_{IN}$) • (Gain) = V$_S$		0.5		µs
NOISE					
Input Voltage Noise					
Noise Voltage, f = 20Hz to 20kHz			1.2		µVrms
Noise Density, f = 1kHz			8		nV/√Hz
Current Noise Density, f = 1kHz			3		fA/√Hz
OPEN-LOOP GAIN					
Open-Loop Voltage Gain	R$_L$ = 10kΩ, V$_O$ = –14.5V to +13.8V	104	120		dB
	R$_L$ = 2kΩ, V$_O$ = –13.8V to +13.5V	104	120		dB
	R$_L$ = 600Ω, V$_O$ = –12.8V to +12.5V	104	120		dB
OUTPUT					
Voltage Output	R$_L$ = 10kΩ	(V–)+0.5		(V+)–1.2	V
	R$_L$ = 2kΩ	(V–)+1.2		(V+)–1.5	V
	R$_L$ = 600Ω	(V–)+2.2		(V+)–2.5	V
Output Current			±35		mA
Output Impedance, Closed-Loop[5]	f = 10kHz		0.01		Ω
Open-Loop	f = 10kHz		10		Ω
Short-Circuit Current			±40		mA
Capacitive Load Drive (Stable Operation)			See Typical Curve		

図1-158 主要特性スペック・抜粋

・差動入力インピーダンス：$10^{13}\Omega \| 2pF$

■ノイズ特性

OPA2134の入力換算ノイズ（雑音スペクトラム密度）はf = 1kHz条件にて、次のように規定されている。

・電圧ノイズ：8nV/√Hz（TYP）

・電流ノイズ：3fA/√Hz（TYP）

電流ノイズはほとんど影響ない微小レベルであるが、電圧ノイズは「超低ノイズ」の領域にはやや不足な特性と言える。20kHz帯域幅条件での入力換算ノイズ実効値Vnと2Vrms信号とのS/N・SNRはそれぞれ次のようになる。

・Vn = 8nV/√20kHz = 1.131µVrms

・SNR = 20Log（1.131µV/2V）= 124.9dB

これらのノイズ特性は「低ノイズ」に分類するにはもちろん問題ないレベルと言える。しかし超低ノイズの領域、トップグレードの製品に対してはやや不足である。たとえば、最近の各社高性能/高分解能D/AコンバーターICのSNRは127dB以上であるので、当該アプリケーションにおいては、この127dBを実現できる、より超低ノイズのオペアンプ

が必要となる。いずれにしろ、オペアンプICモデル選択は、最終的にはアプリケーションが要求する重要特性（音質を含めた）で決定されることになるが、120dB程度までのグレード（当然、中〜高級モデルのグレード）には対応できるノイズ特性となっている。

図1-159に入力雑音実効値対帯域幅特性（実効値RMSとピーク値、ソース抵抗Rs＝20Ω条件）を示す。ハイレゾ対応の100kHz帯域でのノイズ電圧は同グラフから2.5μVrms程度となる。

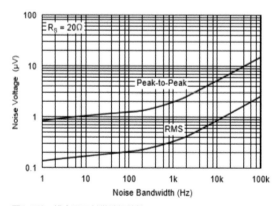

図1-159　雑音電圧対帯域幅特性

■開ループゲイン/位相特性

　ダイナミック特性の基本特性を決定する主要素は開ループゲイン/位相特性であることは記述の通りである。**図1-160**にOPA2134のデータシート記載のオープンループゲイン/位相特性（左側）、閉ループゲイン周波数特性（右側）をそれぞれ示す。G＝1（0dB）となる周波数は仕様通り約8MHzであり、オーディオ用途には十分な帯域である。位相特性で

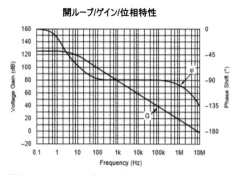
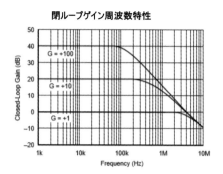

図1-160　開ループゲイン/位相、閉ループ周波数特性

の注目点は、オーディオ帯域である。低域側では100Hz、高域側では20kHzを超え100kHz以上の帯域まで位相がフラットであるということである。これは、実アプリケーションでの対ダイナミック信号レスポンスが優れていることを暗に示している。また、音質面への寄与も大きいと推測され、位相余裕は45°程度あり、やや低めではあるものの問題ないレベルと言える。閉ループゲイン周波数特性はG＝＋100（40dB）条件でも100kHz帯域までフラットの特性であり、ほとんどのオーディオアプリケーションに対応できる。

■スルーレートとセトリングタイム

　スルーレートは、±20V/μsec（Typ）で規定されており、5532ファミリーなどに比べるとかなり良い（高い）値となっている。ただし、高スルーレート＝リンギング大となるオペアンプICもあるので、たとえば短形波応答でのレスポンスは確認しなければならない。OPA2134では、レスポンスの収束時間、すなわちセトリングタイムが規定されている（1μsec/0.01%精度）ので、この仕様で判断することができる。**図1-161**左側にデータシート記載のセトリングタイム特性を示す。同図から閉ループゲインが大きくなるほどセトリングタイムも大きくなるが、低ゲイン条件では1μsec前後の高い応答性を有しており、高サンプリングレートfsのアプリケーションにも十分対応することが可能である。

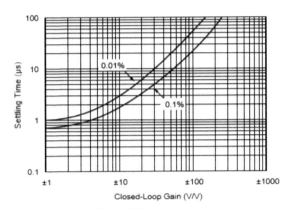

図1-161　セトリングタイム特性

　たとえば、fs＝96kHz・8倍オーバーサンプリングでのデータレートは約1.3μsecとなるが、こうした高速データレートにも対応できることを意味している。

　図1-162に同様にデータシート記載のステップ応答特性を示す。

　同図左側は小信号（200mVpp）のステップ応答特性、同図右側は大信号（20Vp―p）のステップ応答特性である。どちらも回路ゲインはG＝1、負荷容量CL＝100pFの条件である。

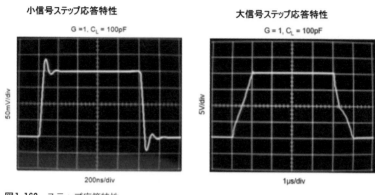

小信号ステップ応答特性
$G = 1, C_L = 100pF$

大信号ステップ応答特性
$G = 1, C_L = 100pF$

50mV/div

5V/div

200ns/div

1μs/div

図1-162　ステップ応答特性

CL − 100pFと条件は実アプリケーションでは優位になると思われる。特に負荷容量の影響は大きいので、通常存在するストレー容量はもとより、負荷側に実際に容量があっても対応できることになる。**図1-162**左側の小信号ステップ応答でのオーバー/アンダーシュート量は負荷容量に依存するので、実回路での負荷容量条件との検証が必要とる。

■**THD＋N特性**

データシート記載のTHD＋N特性は、測定条件G＝1、f＝1kHz、Vout＝3Vrmsにて、
・0.000008%（Typ）RL＝2kΩ
・0.000015%（Typ）RL＝600Ω

で規定されており、かなりの低THD＋N特性である。**図1-163**にTHD＋N対周波数特性を示す。測定条件は出力電圧Vo＝3Vrmsでやや高い信号レベルで、特性グラフでは負荷条件RL＝2kΩ、600Ω条件の値が重ね描きされている。

THD＋N特性でデータシートに規定されているのは鵜呑みにできない。THD＋N＝0.000008%（TYP）は出力レベルが高い条件の違いもあるが、筆者の経験上ではどうやっても達成できない。もちろん、規定しているからには、その実力があるはずであるが、測定回路、測定条件がかなり厳密なものとなっていると推測される。一般的なオーディオ回路、10倍程度のゲイン回路や2次MFBアクティブフィルター回路等での実力値は、0.0002〜0.0003%程度（20kHz帯域、出力2Vrms条件）となる。いずれにしろ、低THD＋N特性ではあるので、ほとんどのアプリケーションで問題となるレベルではないと言える。

THD＋N特性のみに着目すると、これも経験的なものであるが、実力値として5532ファミリーのほうがわずかに優れている。これは、THD＋NのTHD成分とN成分にTHD＋Nの要素を分けて考察した場合、非直線性でのTHDよりもオペアンプ自身の入力換算

ノイズで制限されるN成分での影響が大きくなり、結果的にTHD＋Nとしての値が制限されていると推測できる。

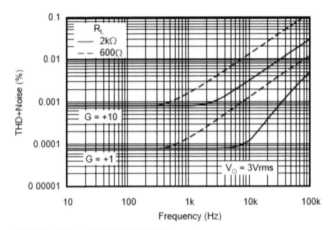

図1-163　THD＋N対信号周波数特性

　OPA2134の特性スペックの特徴のひとつにIntermodulation Distortion（相互変調歪み）がある。図1-158においてはTHD＋N規定の下段に、−96dB（Typ）で規定されている。相互変調歪みはテスト信号2波でテストするものであるが、当規定ではf＝1kHz条件しか記載されていない。これはテスト信号のもう1波が省略されているのか、テスト定義が異なるのかは不明である。

■電源条件と出力ドライブ
　OPA2134の電源条件は標準±15Vのバイポーラー電源で、動作範囲では、±2.5Vから±18Vと高範囲である。消費電流は±4.8mA（MAX、Per Channel）と一般的な値である。一方、出力ドライブ特性としては600Ω負荷がドライブ可能で、600Ω負荷条件での出力振幅レベルは、電源電圧をV＋、V−とすると次のように規定されている。
・最大出力振幅（2kΩ負荷）：V＋（−1.2）MIN、V−（＋1.5V）MIN
・最大出力振幅（600Ω負荷）：V＋（−2.5）MIN、V−（＋2.2V）MIN
　すなわち、電源電圧が±15Vであれば2kΩ負荷で、＋13.8V、−13.5V、600Ω負荷で、＋12.5V、−12.8Vの振幅を出力させることができる。この出力振幅レベルは出力電流（負荷電流）と周囲動作温度に依存し、データシートにはこれらの関係のグラフが掲載されている。図1-164にこの出力振幅特性グラフを示す。ただ、OPA2134の主要アプリケーションを民生用途での信号レベル（たとえば2Vrms出力など）がほとんどとなるので、さほど気にすることなく使用していることが多いと思われる。

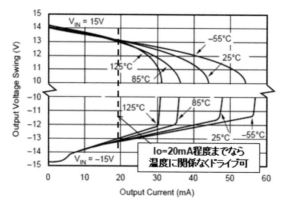

図1-164　出力振幅特性

1-14-2　OPA2134アプリケーション例と音質

　OPA2134はオーディオ入力部、オーディオ信号処理部、オーディオ出力部などにおいて万能的に用いることができる。特定用途（超低ノイズが要求されるMCヘッドアンプなど）では他に最適なオペアンプICモデルが存在するが、たとえばADC入力部のフィルターアンプ、DAC出力部のポストLPF、ライン出力アンプなどでの実績が実際のオーディオ製品でよく見ることができる。

■アプリケーション例―1：DAC出力回路

　OPA2134のアプリケーション例―1として、**図1-165**にTI社24ビット8chDAC・PCM1690の評価ボードにおける差動2次LPF兼出力アンプにOPA2134を用いた出力回路例を

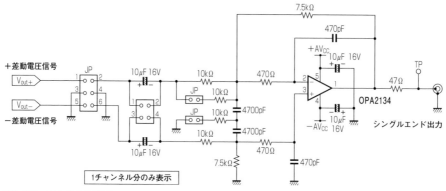

図1-165　DAC出力回路例

示す。当回路では、オペアンプICの1回路で差動−シングル変換と2次ポストLPF機能を兼ね備えている。PCM1690のオーディオ主要特性は、THD＋N＝0.002%、ダイナミックレンジ＝113dBであるので、OPA2134の主要オーディオ特性はDAC特性に比べて十分余裕があり、こうしたアプリケーションには最適と言える。

　同回路入力部にはいくつかのジャンパー設定があるが、これはD/AコンバーターICの差動出力に対してシングルエンド接続を選択するためのものである。カスタマー向けの評価ボードなのでこうした機能が追加されているが、実アプリケーションではこれらの機能は必要ないので省略できる。

■アプリケーション回路例―2

　図1-166にOPA2134を用いた負荷ドライブブースト回路例を示す。同図においては、オペアンプA1は非反転ゲインアンプ（G＝1＋R2/R1）の出力にオペアンプA2によるボルテージフォロワー回路（G＝1）を追加し、A1、A2の各出力を抵抗R3、R4（51Ω）を介して加算動作させている。

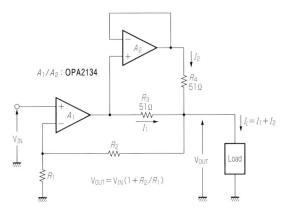

図1-166　負荷ドライブブースト回路例

　OPA2134のデータシートに規定されている定格出力電流は±35mA（Typ）で規定されている。当回路により2倍の±70mAに対応することができる。これはピーク値であるが、実効値換算では約50mAになる。これは1Vrms電圧レベルで20Ω負荷をドライブすることができることになり、32Ω以上のインピーダンスのヘッドフォンアンプドライブとしても用いることができる。信号振幅レベルを抑えれば16Ωインピーダンスのヘッドフォンもドライブ可能となる。

■音質と各特性の関係と音質評価

　前述の通り、市場の各オーディオ/デジタルオーディオ機器におけるOPA2134の選択

　理由のひとつは、音質面で相応に優れていることと、コスト面での優位性にある。「主観要素」である音質であるが、複数のオーディオメーカーのエンジニアが高評価しているという事実も存在する。もちろん、逆の意見も存在し、「音質」であるので絶対的なものはない。以下の音質と特性との相関についての考察と、個人的感想であるが、実際の試聴による音質傾向について記述する。

● FET入力

　バイポーラーと異なり、FETの伝達特性では偶数次高調波はあっても奇数次高調波の発生がない。耳障りな奇数次高調波がないことが音質へ寄与していると推測できる。

● 広帯域、オーディオ帯域でフラットな位相特性

　高オープンループなので、実回路（クローズドループ）での高い帰還量で低THD + N特性を実現。また、オーディオ帯域でフラットな位相特性が素直なレスポンスを実現し、音質に寄与。

● 高スルーレート、高速セトリングタイム

　ダイナミックに変化する信号に対しての追従性が良いので、前述のレスポンスと同様に音質に寄与。

● 余裕あるドライブ能力

　負荷条件の変動に対する影響が少なく、信号レベルの大小にかかわらず安定に負荷をドライブすることで音質に寄与。

　これらは推測であるが、OPA2134の優れた音質に寄与していると考えられる電気的、物理的特性の特徴と言える。

● 音質評価（『MJ無線と実験』2011年3月号掲載に加筆）

　以下は筆者個人での5532ファミリーと比較しての音質傾向である。音質評価は、オペアンプIC回路としてはDAC評価ボードでのLPF兼ライン出力アンプ部で、ICソケット対応にて、DIPパッケージの被評価オペアンプを切り替えて実施している。

　まず全体的な印象であるが、明るさと腰の強さが改善される。音楽ソースに関係なく再生音全体が良い意味での明るさが増し、個々の音の芯がしっかりしてきて腰の強さが出てくる。これがOPA2134の特徴で多くの支持を得ているところと言える。楽器の音色そのものはあまり変わらないが、管楽器ではパワー感が向上、弦楽器ではやや誇張気味な感じがする。ヴォーカルの声質は筆者の好み傾向の抜けの良さが（発声の良さ）が出てくる。

　定位やノイズ感、ワイドレンジ感といったところはわずかな違いで、やや向上した気がする程度である。もうひとつの特徴は、余計な装飾や変な癖がないことである。OPA2134を使っておけば、とりあえず音質面、性能面で相応のグレードとバランスのとれたものができるという安易な選択理由もあるかもしれない。

• 追加情報

OPA2134のネット検索において、峰電というパーツショップのWebページ（http://mineden.net/）に各社/各種オペアンプICの音質比較が掲載されているのを見つけた。ここでは参考情報としOPA2134の音質評価コメントをここに掲げる（原文のまま）。

「ナチュラルビューティー。脚色がほとんどない、いわば素肌美人である。音の抜けが良く、ジャンルを問わず使える感じ。超高域の解放感はもう一歩か。でも、充分リファレンス用途までいける。単価も音質の割に破格と言っていいだろう。音が品良くまとまるので、卓などで使いたい石。」

1-15　高速・高精度、単電源レール・トゥ・レール オペアンプIC　OPA2353

OPA2353は本章で解説したLME49726と同様に、単一低電圧動作、入力/出力レール・トゥ・レール特性を有するオペアンプICである。シングル（OPA353）、デュアル（OPA2353）、クワッド（OPA4353）と回路数で3モデルが用意されている。パッケージはSOPまたはMSOPのいずれも表面実装タイプである。

図1-167 にOPA2353のデータシート・フロントページ記載のFEATUREとピン配置を示す。LME49726との比較では、広帯域（44MHzゲイン帯域幅）、高スルーレート（22V/μs）となっており、その分、消費電流も大きくなっている（TYP8mA/ch）ことが特性上の特徴となっている。

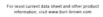

BURR - BROWN®
BB

For most current data sheet and other product
information, visit www.burr-brown.com

OPA353
OPA2353
OPA4353

High-Speed, Single-Supply, Rail-to-Rail
OPERATIONAL AMPLIFIERS
MicroAmplifier™ Series

FEATURES
● RAIL-TO-RAIL INPUT
● RAIL-TO-RAIL OUTPUT (within 10mV)
● WIDE BANDWIDTH: 44MHz
● HIGH SLEW RATE: 22V/μs
● LOW NOISE: 5nV/$\sqrt{Hz}$
● LOW THD+NOISE: 0.0006%
● UNITY-GAIN STABLE
● *MicroSIZE* PACKAGES
● SINGLE, DUAL, AND QUAD

APPLICATIONS
● CELL PHONE PA CONTROL LOOPS
● DRIVING A/D CONVERTERS
● VIDEO PROCESSING
● DATA ACQUISITION
● PROCESS CONTROL
● AUDIO PROCESSING
● COMMUNICATIONS
● ACTIVE FILTERS
● TEST EQUIPMENT

図1-167　データシート・フロントページ抜粋

1-15-1　OPA2353主要特性

　図1-168にOPA2353の主要スペック（抜粋）を示す。同図ではDC特性部と温度条件部は省略している。

■入力オフセット電圧、バイアス電流

　OPA2353のオフセット電圧とバイアス電流は次のように規定されている。

・入力オフセット電圧・初期値：±3mV（Typ）、±8mV（Max）

・入力オフセット電圧・全温度範囲（−45℃〜＋85℃）：±10mV（MAX）。

・入力バイアス電流：±0.5pA（TypP）、±10pA（Max）

　これらの各特性は通常のオーディオアプリケーションにおいて全く問題ないレベルと言える。

PARAMETER		CONDITION	OPA353NA, UA OPA2353EA, UA OPA4353EA, UA			UNITS
			MIN	TYP[1]	MAX	
OPEN-LOOP GAIN						
Open-Loop Voltage Gain	A_{OL}	$R_L = 10k\Omega$, $50mV < V_O < (V+) - 50mV$	100	122		dB
$T_A = -40°C$ to $+85°C$		$R_L = 10k\Omega$, $50mV < V_O < (V+) - 50mV$	**100**			dB
		$R_L = 1k\Omega$, $200mV < V_O < (V+) - 200mV$	100	120		dB
		$R_L = 1k\Omega$, $200mV < V_O < (V+) - 200mV$	**100**			dB
FREQUENCY RESPONSE		$C_L = 100pF$				
Gain-Bandwidth Product	GBW	$G = 1$		44		MHz
Slew Rate	SR	$G = 1$		22		V/μs
Settling Time, 0.1%		$G = ±1$, 2V Step		0.22		μs
0.01%		$G = ±1$, 2V Step		0.5		μs
Overload Recovery Time		$V_{IN} \cdot G = V_S$		0.1		μs
Total Harmonic Distortion + Noise	THD+N	$R_L = 600\Omega$, $V_O = 2.5Vp$-$p^{(2)}$, $G = 1$, $f = 1kHz$		0.0006		%
Differential Gain Error		$G = 2$, $R_L = 600\Omega$, $V_O = 1.4V^{(3)}$		0.17		%
Differential Phase Error		$G = 2$, $R_L = 600\Omega$, $V_O = 1.4V^{(3)}$		0.17		deg
OUTPUT						
Voltage Output Swing from Rail[4]	V_{OUT}	$R_L = 10k\Omega$, $A_{OL} \geq 100dB$		10	50	mV
$T_A = -40°C$ to $+85°C$		$R_L = 10k\Omega$ $A_{OL} \geq 100dB$			50	mV
		$R_L = 1k\Omega$ $A_{OL} \geq 100dB$		25	200	mV
$T_A = -40°C$ to $+85°C$		$R_L = 1k\Omega$, $A_{OL} \geq 100dB$			200	mV
Output Current	I_{OUT}			±40[5]		mA
Short-Circuit Current	I_{SC}			±80		mA
Capacitive Load Drive	C_{LOAD}			See Typical Curve		
POWER SUPPLY						
Operating Voltage Range	V_S	$T_A = -40°C$ to $+85°C$	2.7		5.5	V
Minimum Operating Voltage				2.5		V
Quiescent Current (per amplifier)	I_Q	$I_O = 0$		5.2	8	mA
$T_A = -40°C$ to $+85°C$		$I_O = 0$			9	mA

図1-168　主要スペック抜粋

■入出力特性

　OPA2353の入出力特性に関する仕様は、レール・トゥ・レール（Rail-to-Rail）特性の中でも入力側はユニークである。このオペアンプはレール幅以上の入力電圧を許容していて、コモンモード入力、Vcmの範囲は−0.1V〜（＋V＋0.1V）で規定されている。たとえば、電源電圧（＋V）が＋3Vの場合、−0.1V〜＋3.1Vが入力側の電圧入力範囲となる。このことは入力が可能ということで、この範囲でアプリケーションが要求するリニアな特性が得られるとは別問題である。入力インピーダンスはFET入力なので非常に高く

（$10^{13}\Omega \parallel 2.5pF$）、ほとんどのアプリケーションで全く問題ないレベルである。一方、出力側の振幅レベルは負荷抵抗RLに依存する。規定の仕方としてはレール（Rail、すなわちGNDと電源電圧）からの「振幅レベル」で規定している。

・RL＝10kΩ条件：10mV（Typ）、50mV（Max）
・RL＝1kΩ条件：25mV（Typ）、200mV（MAx）

　すなわち、電源電圧が＋3V単一条件であったとすると、Typ値で2.99V（Typ）、ワースト値で2.95Vの信号電圧スイング（振幅）を得ることができる。これは真のレール・トゥ・レール特性と言える特筆すべき高性能である。

　いずれの場合もワースト値（MAX値）が規定されているで、実設計ではこのワースト値を用いるほうが賢明である。出力電流は±40mA（TYP）で2.5V振幅で75Ω負荷もドライブ可能である。ただし出力レール特性は負荷電流に依存するので、負荷抵抗/出力電流との関係について確認する必要がある。

■ノイズ特性

　OPA2353のノイズ特性は雑音スペクトラム密度と実効値の両方で規定されている。当該オペアンプの特性は一般的なオーディオ帯域より高帯域でのアプリケーションを意識しており、次のように規定されている。

・入力換算雑音スペクトラム密度：$5nV/\sqrt{Hz}$、f＝100kHz（Typ）
・入力換算雑音実効値：$4\mu Vrms$（f＝100Hz～400kHz、Typ）

　実効値規定からの1Vrms信号とのS/Nは次式で求められる。

・S/N＝$20Log(4\mu V/1V)$＝107.9（dB）

　帯域条件が400kHzと広帯域なので、通常のオーディオ帯域ではこの値よりも良くなると推測できる。また、雑音スペクトラム密度規定からの信号帯域を20kHzとし、1Vrms信号とのS/Nは計算すると約120dBとなる。いずれにしろ、一般的なオーディオアプリケーションにおいて十分なノイズ特性であると判断できる。

■開ループゲイン/位相特性

　図1-168のスペック表にて、ゲイン帯域幅積（GBW）は44MHz（Typ）で、開ループゲインは122dB（Typ）、100dB（Min）規定されているが、図1-169にOPA2353のゲイン/位相特性を示す。オープンループゲインは122B（TYP）とかなり高いゲインを有しており、同図から明らかなようにもかなりの高帯域特性を実現している（たとえば、同図から100kHz帯域で50dB以上の利得がある）。位相余裕も十分ありユニティゲインでの安定動作が保証されている。

■スルーレートとセトリングタイム

　スルーレート特性SRとセトリングタイムts特性は図1-168でのスペック表からそれぞ

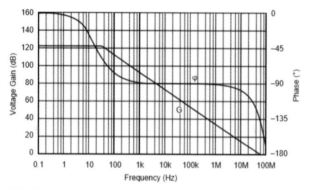

図1-169　開ループゲイン/位相特性

れ次のように規定されている。

SR：22V/μs（Typ、G ＝ 1）

ts：0.22μsec（Typ、0.1%誤差範囲）、0.5μsec（Typ、0.01%誤差範囲）

低電源電圧動作のオペアンプICにおいてこれらの特性は非常に優れている。このため、オーディオに限らず、ダイナミック信号を扱うアプリケーションにおいても有効な高速応答性を有していると言える。

■THD ＋ N特性

図1-170にOPA2353のTHD ＋ N特性を示す。このグラフでは対信号周波数をパラメーターにして出力レベルとゲインの各条件を示している。データシート上のTHD ＋ N特性規定は**図1-168**のスペック表から、G ＝ 1、f ＝ 1kHz、Vo ＝ 2.5Vpp、RL ＝ 600Ωの各条件で次のように規定している。

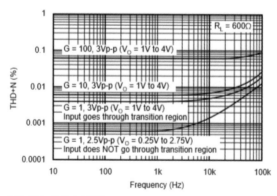

図1-170　THD ＋ N特性

・THD + N：0.0006%（Typ）

　図1-170のグラフで注目すべきは、レール・トゥ・レール機能を優先しているためか、出力振幅レベルVoに対してセンシティブである。Vo = 2.5Vppでのf = 1kHzでのTHD + N値は0.0006%であるのに対して、わずか0.5V振幅レベルが大きくなったVo = 3.0VでのTHD + N値は0.006%と一桁異なる。たとえば5V単一電源動作において、Vo = +1V～+4V（3Vpp）で用いるとすると、当該条件でのTHD + N値は0.006%、他の条件も加味すると0.01%未満程度と判断して間違いないと思われる。

■電源仕様

　低電圧動作、低消費電力型オペアンプの中でも、OPA2353は比較的消費電力が高いほうに分類される。主な仕様は図1-168にスペック規定で示されている通り、次のように規定されている。

・電源電圧範囲：2.7V～5.5V（最小値2.5V）
・電源消費電流（1回路）：5.2mA（Typ）、8mA（Max）

　図1-171に電源電圧-消費電流特性グラフを示す。

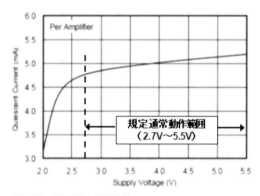

図1-171　電源電圧-電流特性

　同図から明らかなように、電源電圧によって消費電流は大きく変化する。たとえば、3V電源条件での消費電流はグラフから約4.7mAとなり、デュアル型での消費電力Pdは、

・Pd = 3V × 2 × 4.7mA = 28.2mW

となる。また、5V電源条件での消費電力Pdは次のようになる。

・Pd = 5V × 2 × 5.2mA = 52mW

　このレベルの消費電力は流石にバッテリー駆動のポータブルアプリケーションには向かない。

1-15-2　OPA2353内部回路とアプリケーション例

　本項においては低電圧動作を実現しているOPA2353の内部回路の特徴とアプリケーション例について解説する。

■OPA2353の回路構成

　図1-172にOPA2353の簡易内部等価回路を示す。回路素子としてはCMOSプロセス構造におけるNch・FETとPch・FETを巧みに組み合わせている。入力はNch差動ペア入力とPch差動ペア入力が並列接続されている。これはそれぞれのペア（Pch、Nch）により、それぞれの不活性領域をカバー（不活性領域をなくす）することによりレール・トゥ・レール入出力に対応させている。

　Nchペア差動入力はPositive入力、電源電圧$(+V) + 100mV$から$(+V) - 1.8V$の動作領域を有しており、Pchペア差動入力はNegative入力、GNDレベル$- 100mV$から$(+V)$ $- 1.8V$の動作領域を有している。実際には数100mVのクロストランジション領域を有している。ダブルカスコード接続回路構成の次段ステージは、初段ステージ信号をClass-AB構成の最終ステージに伝送する。出力ステージはPch・FETとNch・FETのドレイン同士が接続されたプッシュプル構成となっている。この構成では各FETのドレイン・ソース間電圧ロスを最小限にすることが可能で、レール・トゥ・レール型オペアンプでは多く見られるものである。

■アプリケーション回路例：USBコーデックへの応用

　OPA2353の主要特性の特徴は低電圧動作、レール・トゥ・レール特性、広帯域特性、

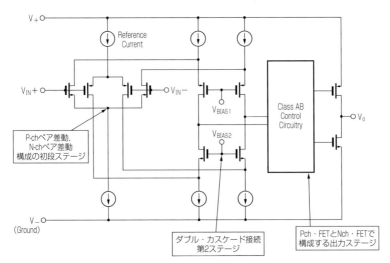

図1-172　OPA2134内部簡略等価回路

低雑音、高ドライブ能力といったところにある。消費電流は低電圧動作型の中でも比較的大きい方なので、バッテリー駆動のポータブルアプリケーションよりは低電圧（単一2.7V～5V電源）動作条件下でのオーディオビデオ関係アプリケーションに適していると言える。

　USBバスインターフェースにおけるUSBオーディオアプリケーションは低電圧動作、レール・トゥ・レール動作オペアンプIC、OPA214の最適な活用方法のひとつである。**図1-173**にUSBコーデック（TI社PCM290xファミリー）のEVM（評価ボード、DEM-PCM290x）のブロックダイアグラムを示す。このUSBコーデックのオーディオ入出力回路にはOPA2353が用いられており、ここでは応用回路例として解説、紹介する。

　USBコーデックPCM290xのオーディオ入出力はステレオ2ch対応になっているので、入力側、出力側それぞれに2回路、2個のOPA2353でオーディオ入出力回路を構成している。

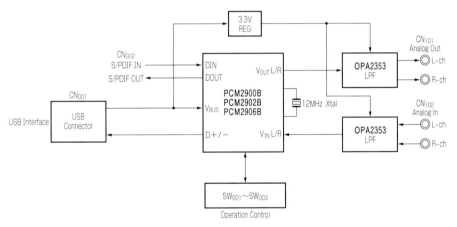

図1-173　DEM29xx ブロックダイアグラム

　オーディオ入出力回路は信号レベルに合わせたゲイン設定をすると同時にA/D、D/AのアンチエリアシングLPF機能を兼用させている。オペアンプ部の動作電源はUSBバス電源上のリップル、ノイズ除去を目的に3.3Vのシリーズレギュレーターを用いてクリーンな+3.3V電源としてオペアンプICに供給している。このため、レール・トゥ・レール特性を活用すれば最大3.3Vppの信号振幅レベルを扱える。THD+N特性面では**図1-170**の特性グラフから2.5Vpp未満での信号振幅レベルとする方が有利となる。この評価ボードではアナログ信号入出力のフルスケールレベルは2Vp-pに設定されている。

■実際の回路

　図1-174はオーディオコーデックPCM290xのDAC部出力に接続するLPF兼アナログ出力アンプ回路の実際の回路である。また、**図1-175**は同様にADC部入力に接続するLPF兼アナログ入力アンプ回路の実際の回路である。どちらもオペアンプの＋非反転入

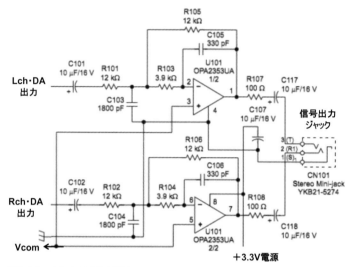

図1-174　D/A出力回路応用例

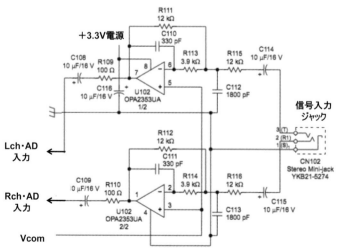

図1-175　A/D入力回路応用例

力は単一電源動作用にコーデックIC側で用意されている約1/2Vcc電位のコモン電圧（Vcom）に接続されている。信号入出力はカップリングコンデンサーを接続してVcomのDC成分をカットしている。回路ゲインはPCM290xのフルスケール信号レベルに合わせてある。入出力回路ともにLPF機能としては2次MFB型（カットオフ周波数・fc＝40kHz）を構成している。これらの回路の特徴はOPA2353の使用により、3.3V単一電源動作においてオーディオアプリケーションで重要となる下記主要特性が特徴となる。

・THD＋N特性において0.001%程度の良好な特性を実現

・周波数帯域特性において20kHzオーディオ帯域でフラットな特性を実現

　また、図1-174、図1-175の回路においてLPFのカットオフ周波数fcをより高くすれば、ハイ・サンプリングレート（fs＝96kHz/192kHzなど）のハイレゾオーディオ帯域にも対応することが可能となる。余談であるが、（株）秋月電子通商が販売しているヘッドフォンアンプキットにもOPA2353が用いられている。

第2章

各社オペアンプICの
特性実測と音質評価

本章では各社代表的オペアンプICの各種特性について、さまざまな回路条件で実測し、それらの生データについて表示/解説します。

　本章では第1章で解説した各社代表的オペアンプICの各種特性について、周波数特性、THD＋N特性をはじめとするさまざまなオーディオ特性を、いくつかの回路条件で実測し、それらの測定結果（測定データ）について提示/解説する。

　各オペアンプの実測においては、オーロラサウンド株式会社、代表者・唐木志延夫氏の全面協力を得て、同社テクニカルラボにて唐木氏が実測用実験基板ボードを作成、所有するAudio Precision社の総合オーディオアナライザー・APX525を用いて測定された。各測定結果において、特にTHD＋N特性は各社データシート記載のスペックに比べてやや悪い値となっている。これは各社データシート記載のTHD＋N特性実測条件（回路および実装/測定条件）に対して実際の実用条件が異なることによるのが主要因である。逆に言えば、本章での測定結果が実装での実力特性であるとも言える。また、各社オペアンプIC特性規定における測定帯域、フィルター条件の差異もTHD＋N特性の測定結果の違いに大きく影響するので、本章での測定においては各特性項目において全て同一条件（測定帯域、フィルター条件）で実施している。従って、本章で示す測定結果は、同一条件下（実装条件、測定条件）での各社オペアンプICの実特性の比較/差異を確認することができる。

2-1　オペアンプICの特性測定概要

　本項では各種オーディオ特性の測定条件、測定器などの概要と、被測定オペアンプICモデルについて解説する。

2-1-1　測定条件

　各種オーディオ特性の測定にはAudio Precision社の最新オーディオアナライザーAPX525を用いた。本測定器の外観図を**図2-1**に示す。本モデルは第1章、**図1-44**で示したAP2700の後継モデルであり、専用ソフトウエアをPCにインストールして測定/制御する方式は同じである。

図2-1　オーディオアナライザー APX525

　実測定は対象がアナログ回路であるので、テスト信号入出力はともにアナログ信号である。本測定での測定ベンチのようすを**図2-2**に示す。

図2-2　APx525Bを使用した測定ベンチのようす

　同様にオペアンプ測定基板の外観図を**図2-3**に示す。テスト基板は2種類用意した。これはシングルタイプ（1回路）とデュアルタイプ（2回路）への対応と実装に対する影響を確認する意味もある。基本接続は反転、非反転回路はにジャンパー接続により切り換え、回路ゲイン設定は入出力抵抗をソケット接続で切り換えて行っている。

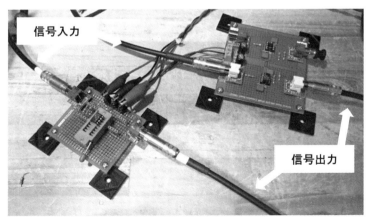

図2-3　オペアンプ測定基板

　ハイゲイン設定ではソケットの影響を考慮し、各抵抗はハンダ付け接続にした。オペア

ンプIC取り付け部には当然、電源デカップリングコンデンサー（0.1μFフィルムタイプ）が接続されている。測定中にオペアンプICに供給するDC安定化電源タイプにより、ノイズやTHD＋N特性に影響することも判明したので、データ実測時には高性能タイプのDC安定化電源を用いた。

　測定基板の実回路を**図2-4**に示す。同図左側が非反転（NONINVERTED）回路、同図右側が反転（INVERTED）回路で、前述の通りゲイン設定は、ゲインに対応する入出力抵抗の選択により決定している。入出力はACカップリングなしのDC直結としている。

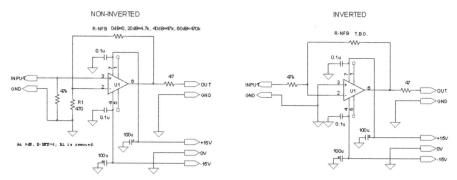

図2-4　実測定回路図

2-1-2　被測定オペアンプIC

　本章における被測定オペアンプICは次の8モデルとした。前章解説で触れたマキシム社のMAX4475とTI社OPA2353は諸事情により割愛させていただいた。

・ADI社オペアンプ　AD797
・リニアテクノジー社（ADI社）オペアンプ　LT1115
・JRC社オペアンプ　MUSES8820
・ナショナルセミコンダクター社（TI社）オペアンプ　LME49860
・TI社オペアンプ　NE5534A
・TI社オペアンプ　OPA604
・TI社オペアンプ　OPA627A
・TI社オペアンプ　OPA134

　各社オペアンプICの差動入力部の構成には明確な傾向があり、TI社のOPAxxxタイプのものは全てFET入力、他社は全てバイポーラー入力となっている。これはTI社製品が旧バー・ブラウン社製品であり、同社が独自開発のオーディオアプリケーションにも適した優秀なFETプロセスを所有していたことによる。

2-2　ゲイン周波数特性

　本項では各社オペアンプICのゲイン/周波数特性の実測結果を示す。回路ゲインは40dBと60dBの比較的高ゲイン回路設定のものである。測定は固定ポイントでの実ゲインと誤差および実際の周波数Sweep特性を実行している。

2-2-1　40dB/60dBゲインアンプ・実ゲイン特性

　オペアンプ回路の基本応用例でも最も標準的なものがゲインアンプ回路である。当然用途によって設定回路ゲインは異なるが、前章1-1-4や図1-11で解説した通り、オペアンプICの有限開ループゲイン/周波数特性による設定（設計）ゲインと実ゲインとの差異が生じる。実ゲインをGo、設定ゲインをGr、開ループ有限ゲインによるゲイン誤差をGeとすれば、実際のゲインGoは下式で示される。

$$Go = Gr \times Ge \cdots\cdots 式2-1$$

　ここで、Goは比較的低設定ゲインで、周波数が低い条件では通常Ge＝1で設計して構わないが、設定ゲインGeは理論上1未満（0.998など）の値であり、中～高ゲイン（40～60dB）条件、高信号周波数（f＞10kHz）条件ではGe値の影響が大きくなる。G＝0～20dBの比較的低ゲインの設定では有限開ループゲイン/周波数特性の影響はほとんどなく、Ge-＝1、すなわちGo＝Grの設計値通りの動作をする。一方、設定ゲインが40～60dBの高ゲイン設定で、信号周波数が高くなると有限開ループ/周波数特性の影響が大きくなってくる。たとえば60dB設定ゲインに対しては、Geの影響により実ゲインGoは58dB、59dBなど、数dBのゲイン減少状態になる。

　図2-5に高ゲイン設定での各社オペアンプICの実ゲイン測定結果を示す。回路としては非反転増幅回路である。実特性には共通しての初期ゲイン誤差（0.05%精度の高精度抵抗を用いた）分が含まれるが、同一条件下での測定結果であるので、各オペアンプICモデルでの差異を見ることができる。

ゲイン実測	信号周波数f=1KHz		信号周波数f=1KHz		信号周波数f=10KHz	
オペアンプモデル	40dB実ゲイン/誤差		60dB実ゲイン/誤差		60dB実ゲイン/誤差	
AD797	40.101dB	+0.101dB	59.990dB	-0.010dB	59.970dB	-0.030dB
LT1115	40.101dB	+0.101dB	59.991dB	-0.009dB	59.942dB	-0.058dB
LME49860	40.100dB	+0.1dB	59.988dB	-0.012dB	59.833dB	-0.167dB
MUSES8820	40.100dB	+0.1dB	59.953dB	-0.047dB	57.380dB	-2.620dB
NE5534A	40.100dB	+0.1dB	59.983dB	-0.017dB	59.946dB	-0.054dB
OPA604	40.092dB	+0.92dB	59.643dB	-0.357dB	59.272dB	-0.728dB
OPA627	40.100dB	+0.1dB	59.968dB	-0.032dB	58.797dB	-1.203dB
OPA134	40.101dB	+0.101dB	59.937dB	-0.063dB	56.838dB	-3.162dB

図2-5　各社オペアンプICゲイン実測結果

図2-5から明らかなように、ここで掲げた各社オペアンプICは相応に高性能であることがわかる。AD797、LT1115、NE5534Aなどは60dBゲイン設定、信号周波数f＝10kHzの厳しい条件下でも設定ゲイン60dBに対して0.1dB未満のゲイン誤差である。一方、MUSES8820とOPA134は同一条件下で－2～－3dBのゲイン低下が生じている。OPA627Aがデータシート記載の開ループゲイン/周波数特性に対してやや悪い測定結果（－1.2dB/f＝10kHz,）となっているが、これは測定サンプル個体が標準に比べてやや悪いサンプルであったとも思える。

　LT1115やLME49860などは、実回路でもその広帯域特性をそのまま応用できることの意味から、第1章での当該モデルでの応用回路にRIAAイコライザーアンプ回路への応用例が示されている。ここでは、0～＋20dBの比較的低ゲイン条件でのものは省略したが、これは経験的に低ゲイン条件下では、本書で扱っている各社オペアンプICでの差異がほとんどないことにもよる。各オペアンプICともに比較的低ゲイン設定条件では、ハイレゾ再生（最大fs＝192kHz、信号帯域＝96kHz）に十分対応できる周波数特性を有している。ただし、ここで取り上げた高性能オペアンプIC以外の汎用グレードのオペアンプICモデルでは、ゲイン誤差の影響は大きくなる。本測定におけるAudio Precision測定器での測定画面例（PC表示画面の一部をキャプチャー）を図2-6に示す。

　同図においては、信号波形とFFTスペクトラムが示されているが、信号レベル、ゲイン、

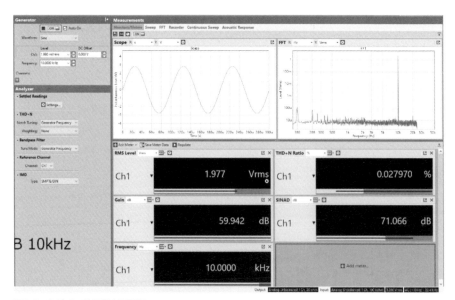

図2-6　実ゲイン特性測定画面例

信号周波数が数値表示されており、信号レベル＝1.997Vrms、ゲイン＝59.942dBが測定
結果、信号周波数f＝10.000kHzが測信号定条件であり、**図2-5**ではこの測定結果である
ゲイン実測値と計算したゲイン誤差を表にしたものとなる。

2-2-2　0dBゲイン周波数特性

　本書で記載した各オペアンプICの開ループゲイン/周波数特性は非常に優秀であり、前
項のゲイン実測結果もそれを証明している。前項のゲイン測定では信号周波数を1kHz、
10kHzの固定特定条件でのものを示したが、本項では信号周波数をSweepしての周波数
特性グラフとして示す。

■0dBゲイン周波数特性─1：AD797/LT1115

　図2-7に0dBゲイン（Buffer）条件での周波数特性実測結果を示す。ここでは2モデル
分を重ね描きしており、Ch1がAD797、Ch2がLT1115である。周波数測定範囲は20Hz
〜80kHzである。同図グラフの周波数軸の右端が数字表示がないが80kHzになる。振幅
軸はRMS表示で、設定信号レベルの2Vrmsを基準としている。2Vrmsを0dB基準とす
ると振幅軸スケールの±0.1Vrmsはdb換算で±0.45dBとなる。両モデルともに50kHz
帯域までは完全にフラットな周波数特性となっており、開ループゲイン/周波数特性が優
れていることを実測でも確認することができる。両モデル間で差異がないのでch1、ch2
の測定結果は1種類の特性に見てとれる（実測定ではカラー表示であるので、わずかな違
いが確認できるが、本書は白黒印刷なのでご容赦いただきたい）。

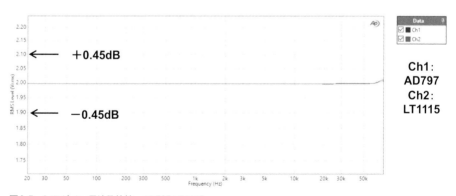

図2-7　0dBゲイン周波数特性　AD797/LT1115

　同図において、周波数50kHzから80kHzの間にわずかなゲイン上昇（約0.1dB）を見る
ことができるが、これは後述する他のモデルでの測定結果でも同様の傾向があるので、被
測定オペアンプICデバイス個々の特性ではなく、測定器の何らかの潜在的な特性による

ものと思われる。

■0dBゲイン周波数特性―2：NE5534A/OPA604

　同様に、**図2-8**にNE5534AとOPA604の0dBゲイン周波数特性測定結果を示す。

　Ch1がNE5534A、ch2がOPA604である。両モデルともにAD797/LT1115と同様、50kHz帯域まで全くフラットな周波数特性である測定結果を得ている。

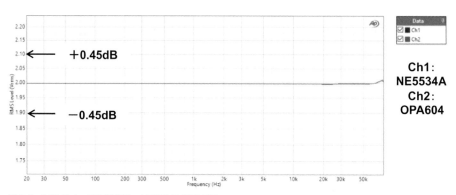

図2-8　0dBゲイン周波数特性　NE5534A/OPA604

■0dBゲイン周波数特性―3：OPA134/OPA627A

　同様に、**図2-9**にOPA134とOPA627Aの0dBゲイン周波数特性測定結果を示す。

　Ch1がOPA134、ch2がOPA627Aである。両モデルともに他の同様、50kHzまで全くフラットな周波数特性となっている。

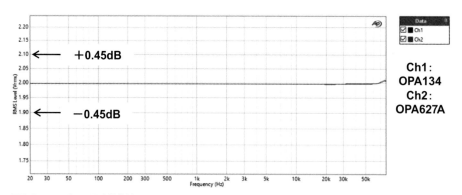

図2-9　0dBゲイン周波数特性　OPA134/OPA627A

■0dBゲイン周波数特性―4：MUSES8820

　同様に、**図2-10**にMUSES8820の0dBゲイン周波数特性測定結果を示す。ここでは2

モデル、測定系の2ch同時測定の影響を確認する意味で単一モデルでの測定を実施した。結果的に2ch同時測定の悪影響は全くないと思われ、50kHzまで全くフラットな周波数特性となっている特性と、50kHz以上の帯域でわずかにゲインが上昇する傾向も、他のモデル/測定結果と同じである。

■0dBゲイン周波数特性―5：LME49860

　同様に、**図2-11**にLME49860のゲイン周波数特性測定結果を示す。当測定結果もMUSES8820と全く同じで、50kHzまで全くフラットな周波数特性となっている特性と、50kHz以上の帯域でわずかにゲインが上昇する傾向も、他のモデル/測定結果と同じである。

図2-10　0dBゲイン周波数特性　MUSES8820

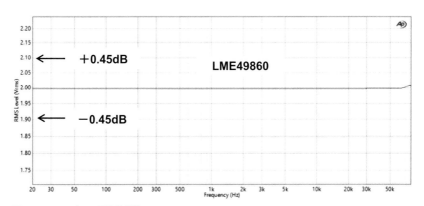

図2-11　0dBゲイン周波数特性　LME49860

2-2-3　40dBゲイン周波数特性

　前項2-2-2と同様に、本項では40dBゲイン設定での周波数Sweep特性を示す。2-2-1の表で明らかなように、40dBゲイン条件でも信号周波数1kHzではほとんどゲイン低下はないが、信号周波数が10kHz～20kHzを超えると、オペアンプICモデルによってゲイン低下特性を確認することができる。

■40dBゲイン周波数特性―1：AD797/LT1115

　図2-12に40dBゲイン設定での信号周波数20Hz～80kHz帯域Sweep条件でのAD797（Ch1）とLT1115（Ch2）の周波数特性測定結果を示す。当40dBゲイン設定条件では両オペアンプIC間でわずかな特性差異を確認することができる。

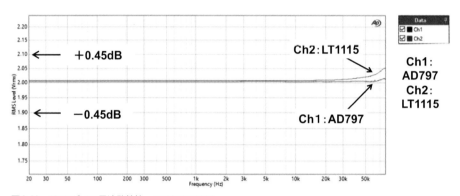

図2-12　40dBゲイン周波数特性　AD797/LT1115

　両オペアンプICともに信号周波数50kHz～80kHzにかけてわずかにゲイン上昇傾向（LT1115で＋0.2dB程度）が見られ、これは測定系の影響もあるが、個体での実ゲイン回路における実装における位相特性を含めた実態と言える。実設計においては帰還抵抗と並列に数10pFのコンデンサーを接続することにより補正することができる。

■40dBゲイン周波数特性―2：NE5534A/OPA604

　図2-13に同様に40dBゲイン設定でのNE5534A（Ch1）とOPA604（Ch2）の信号周波数20H～80kHzでの実測結果を示す。

　同図においては、**図2-12**と同様にNE5534Aで50kHz～80kHzにかけてのゲイン上昇特性（約＋0.3dB）が見られる。一方、OPA604では逆にゲイン低下特性（約－0.2dB）を確認することができる。これはOPA604の開ループゲイン/周波数特性通りのものであると判断できる。それでも両オペアンプICモデルともに、信号周波数＝80kHz、設定ゲイン＝40dBの条件で、80kHz信号帯域までほぼフラットな特性で信号増幅ができるのは高性能オペアンプであると言える。

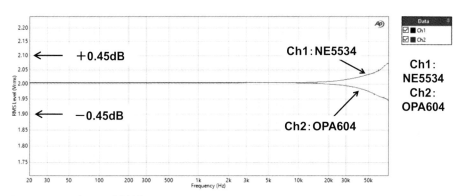

図2-13　40dBゲイン周波数特性　NE5534A/OPA604

■40dBゲイン周波数特性―3：OPA134/OPA627

　図2-14に同様に40dBゲイン設定でのOPA134（Ch1）とOPA627（Ch2）の信号周波数20H～80kHzでの実測結果を示す。

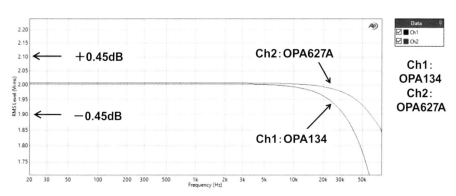

図2-14　40dBゲイン周波数特性　OPA134/OPA627A

　同図の測定結果はオーディオ用高性能オペアンプの相応の特性と言える。**図2-12**における AD797やLT1115といった超高性能オペアンプICと比べればやや見劣りする特性かもしれないが、40dBゲイン設定において、OPA134では50kHzで約−1.0dB、OPA627では同様に50kHzで約−0.1dBの実用上では問題のない優れた特性であることを確認することができる。

■40dBゲイン周波数特性―4：MUSES8820

　図2-15に同様にMUSES8820の40dBゲインでの周波数特性測定結果を示す。

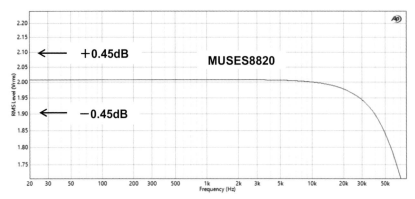

図2-15 40dBゲイン周波数特性 MUSES8820

同図より、信号周波数＝50kHzでのゲイン低下は約－0.5dBであり、OPA604やOPA627などよりはやや劣るが、OPA134よりはやや優れた特性となっている。いずれにしろ実回路では問題のない優れた特性と言える。

■40dBゲイン周波数特性─5：LME49860

図2-16に同様にLME49860の40dBゲインでの周波数特性測定結果を示す。同図では測定周波数上限の80kHzまでほぼフラットな周波数特性となっていることが確認できる。

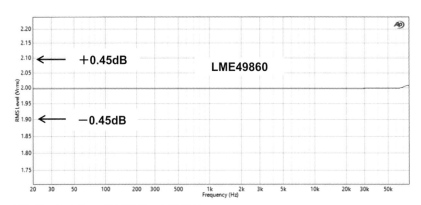

図2-16 40dBゲイン周波数特性 LME49860

これら実測定、40dBゲイン条件での周波数特性実測結果をまとめると、AD797、LT1115、LME49860などの超高性能オペアンプICモデルは価格相応に非常に優れた特性であることがわかる。5534型オペアンプICは市場価格が比較的安価な割に高性能である。他のモデル、MUSES8820やTI社のOPAxxxシリーズは、超高性能モデルに比べる

とやや特性が劣るが、比較的低ゲインのアプリケーション（少なくとも回路ゲイン10以下）
では測定帯域の80kHzまでほぼフラットな特性を得ることができる。

2-3　THD＋*N*特性

　THD＋*N*（Total Harmonic Distortion＋Noise）特性はオーディオアプリケーションで
最も重要な特性ファクターである。THD＋*N*特性のスペック規定は多くの場合、
・基準テスト信号：信号周波数f＝1kHz、信号レベルVo＝2Vrms
・測定回路ゲイン：G＝1
の条件で規定されているのがほとんどである。また、測定帯域（テスト用LPF条件）につ
いては記述のないケースと、22kHzなどの記述のあるケースとがあり、モデルによって
異なる。従って、THD＋*N*特性を確認するには各社データシート記載のスペック条件を
比較確認することが必要である。本項では共通の測定条件により各オペアンプICのTHD
＋*N*特性の測定結果をした。

2-3-1　THD＋*N*対信号レベル特性

　THD＋*N*対信号レベル特性の実測は非反転増幅回路構成、ゲインG＝1（バッファ回路）
およびゲインG＝40dBの各条件での回路で実行した。測定帯域幅は22kHzで、THD＋
*N*特性がクリップする大振幅出力レベルから微小信号までをSweepした測定結果をグラ
フ表示している。スケール縦軸はTHD＋*N*値(%)、スケール横軸は出力信号レベル(Vrms)
である。モデルにより、ひとつのグラフにオペアンプIC2モデル分を重ね描きしているの
で、特性がほとんど同等のものはグラフ線も重なっているケースもある。

■AD797、LT1115

　図2-17にAD797とLT1115のTHD＋*N*対信号レベル特性を示す。回路条件はゲイン＝
1（0dB）とゲイン＝101倍（約40dB）の2条件である。信号レベルのSweepは出力レベル
で5mVrms～10Vrms、信号周波数は1kHz固定である。

　同図においてAD797とLT1115の特性は非常に近似している。LT1115のみ0dBゲイン
条件、信号レベルが1～2Vの間でやや特性が悪くなる部分があるが、この原因はデバイ
ス個体によるものと思われる。標準的なオーディオ/デジタルオーディオ機器の出力レベ
ルである2Vrms出力でのTHD＋*N*値は、ゲイン＝0dB条件で0.0003%、ゲイン＝40dB
条件で0.003%と非常に優れた値となっている。ただし、この値は両モデルのデータシー
ト記載特性よりはやや悪い値となっている。いずれにしろ当測定THD＋*N*値が実アプリ
ケーションでの実力値と思われる。両モデル間でのTHD＋*N*特性の差異がほとんどない

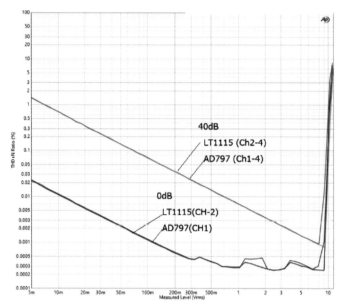

図2-17　THD＋N対信号レベル特性―1：AD797、LT1115

のは測定系の影響で、測定されたTHD＋N値よりもデバイスの潜在特性のほうが優れているためとも推測できる。5mVrms出力でのTHD＋N値は、0dBゲインでは0.02%、40dBゲインでは約1.5%となっている。40dBゲイン時の5mVrms出力に対する入力信号レベルは1/100の50μVrmsの微小信号レベルとなるので、1.5%の値の内訳は歪み（THD）成分よりもノイズ（雑音N）成分がほとんどとなっていると思える。

■MUSES8820

　図2-18に同様にMUSES8820のTHD＋N対レベル特性測定結果を示す。測定の都合によりここではMUSES8820単体での特性となっている。信号周波数、回路ゲインなどの測定条件は**図2-17**のAD797/LT1115と同じである。

　同図において、回路ゲイン＝0dB、Vo＝2VrmsでのTHD＋N値は0.00025%、Vo＝5mVrmsでの値は0.025%と非常に優れている。同様に40dBゲイン条件でもVo＝2VrmsでのTHD＋N値は0.004%と優れた特性を確認することができる。0dBゲイン回路では出力信号レベル100mV～5Vの間で特性曲線にわずかな山が見られるが、この理由については不明である。

■NE5534A、OPA604

　図2-19に同様にNE5534AとOPA604のTHD＋N対レベル特性測定結果を示す。信号

周波数、回路ゲインなどの測定条件は**図2-17**のAD797/LT1115と同じである。

図2-18　THD＋N対信号レベル特性―2：MUSES8820

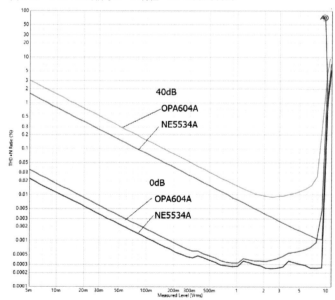

図2-19　THD＋N対信号レベル特性―3：NE5534A、OPA604

　図2-19の測定結果は、全体的にOPA604に比べてNE5534Aのほうが優れているが、これはOPA604とNE5534AでのオペアンプICとしての設計思想の違いが大きく示されていると言える。NE5534Aは電気的特性として低歪み率を目標に設計されたオペアンプICであるが、OPA604は前章での解説の通り、増幅信号系を全てFET構成とすることにより、その伝達特性から高調波（THD）のうち、オーディオ聴感的に悪影響のある奇数次高調波の発生を原理的に抑えたものである。ゲイン条件0dB、Vout ＝ 2Vrms時の測定THD ＋ N 値は、NE5534Aで0.00025%、OPA604で0.00035%とどちらも優れた特性である。2Vrmsを超える大振幅信号レベルでは、両モデルでの差が大きくなる傾向がわかる。特に40dBゲイン条件では、NE5534Aが9Vrms出力レベルまでTHD ＋ N 特性がリニアに変化しているのに対して、OPA604では2Vrmsを超えた領域からTHD ＋ N 特性が悪化する傾向を示している。

■OPA134、OPA627A

　図2-20に、同様にOPA134とOPA627AのTHD ＋ N 対レベル特性測定結果を示す。信号周波数、回路ゲインなどの測定条件は図2-17のAD797/LT1115と同じである。

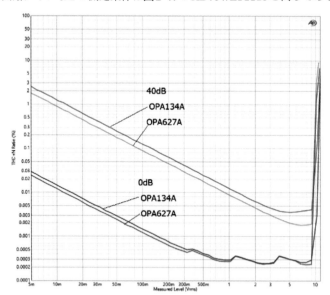

図2-20　THD ＋ N 対信号レベル特性―4：OPA134、OPA627A

　この両モデルのTHD ＋ N 対信号レベル特性測定結果は近似しているが、全般的にはOPA627Aのほうが価格相応にやや優れている。0dBゲイン時の信号出力レベル1〜8Vrmsの間はほとんど同じ（0.00025〜0.0003%）であるが、これはNE5534Aともほぼ同じであ

り、デバイスのTHD＋N特性が測定系の特性で制限されているものと思われる。

■LME49860

　図2-21に、同様にLM49860のTHD＋N対レベル特性測定結果を示す。信号周波数、回路ゲインなどの測定条件は図2-17のAD797/LT1115と同じである。当モデルも諸事情によりLM49860のみの測定結果である。

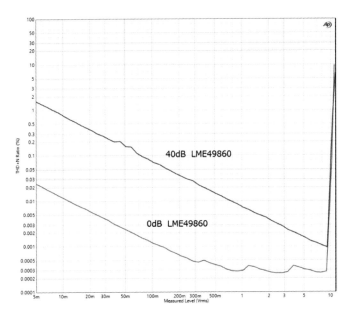

図2-21　THD＋N対信号レベル特性―5：LME49860

　同測定結果より、2Vrms出力時の0dBゲイン時条件でのTHD＋N値は0.00027%、40dBゲイン時では約0.0025%といずれも非常に優れた値である。0dBゲイン時に100mV出力～5V出力の間でMUSES8820などと同じようなTHD＋N特性の上昇ポイントが確認できるが、これも前述の通り測定系によるものであり、オペアンプICのものではないと言える。

■THD＋N対信号レベル特性のまとめ

　各オペアンプICモデルのTHD＋N対信号レベル特性の実測定結果を図2-17から図2-21に示したが、再三述べている通り、各社オペアンプICモデルのデータシート規定のTHD＋N特性よりはやや劣る測定結果となっている。これはTHD＋N特性規定条件が異なることによるが、実オーディオアプリケーション機器での実装による実力値としては、当測定結果が「実力値」であると認識しておくのが妥当であると言える。

　また実測定においては、0dBゲイン回路、40dBゲイン回路ともに**図2-4**に示した基本回路では測定エラーが発生するケースがあることも確認した。**図2-22**に測定エラー時の測定画面例をを示す。**図2-22**（A）はLME49860のケースで、何らかの原因により測定器APX525が信号レベルSweep時での設定ステップ毎のTHD＋N測定で、標準測定時間に正確な測定ができなかった場合に表示されるエラーマークが多く発生しているものである。

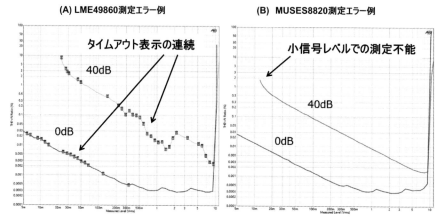

図2-22　測定エラー表示例

　また、**図2-22**（B）の場合は40dBゲイン条件での測定時に比較的小信号レベル（10mV〜50mV）で測定不能となり、THD＋N特性ラインが途切れてしまったケースである。
　これらの現象は、測定ボードの実装回路、測定基板パターン、電源デカップリングコンデンサーの効果などが複雑に影響していると思われた。従って、対策としては電源デカップリングの強化、入力部、出力部にシリーズ抵抗を挿入、バッファー回路では帰還抵抗と帰還抵抗に並列に小容量コンデンサーを付加、40dBゲイン回路も同様に帰還抵抗に小容量コンデンサーを付加などの対策をすることにより、正常な測定を実施することができた。
　図2-23に本測定結果、2Vrms出力時のTHD＋N特性を示す。
　図2-23から明らかなように、当測定で用いたオペアンプICモデルはオーディオ用として高性能製品カテゴリーの代表的なものであるので、各オペアンプICとも相応に優れた性能であることがわかる。0dBゲイン（バッファー回路）、2Vrms出力（入力）条件でのTHD＋N値は0.00025〜0.0004％であり、これはハイレゾ製品やプロオーディオ製品の高性能が要求されるアプリケーションにも十分対応できる特性であると言える。また、回路ゲインG＝40dB、2Vrms出力条件でのTHD＋N値は0.0035〜0.0090％であり、これも相応に優れた特性であると言える。

THD+N実測 オペアンプモデル	出力信号レベル2Vrms 0dBゲイン時THD+N値	出力信号レベル2Vrms 40dBゲイン時THD+N値
AD797	0.00030%	0.00350%
LT1115	0.00030%	0.00350%
LME49860	0.00025%	0.00400%
MUSES8820	0.00028%	0.00450%
NE5534A	0.00025%	0.00400%
OPA604	0.00040%	0.00900%
OPA627A	0.00025%	0.00450%
OPA134	0.00025%	0.00700%

図2-23 THD＋N対信号レベル特性測定結果まとめ

2-3-2 THD＋N対信号周波数特性

　本項ではTHD＋N対信号周波数特性の実測データを示す。前項2-3-1では信号周波数は1kHz固定で信号レベルをSweepしたが、ここでは信号レベルを2Vrms固定、信号周波数を20Hz～48kHz間をSweepしての測定である。信号最大周波数は48kHzなので、測定LPFは22kHzを用いていない。回路条件は非反転G＝1（0dB）および非反転G＝100（40dB）の2条件である。測定結果のグラフにおいて、高域周波数でのTHD＋N測定ラインが乱れているが、これは測定回路での帰還系に一切コンデンサーを接続していないことによる。実アプリケーションにおいては要求周波数特性に応じて、帰還系に仕様に応じた容量のコンデンサーを接続して用いるのがほとんどであるので、本項での測定グラフのような乱れは避けることができる。

■0dBゲインTHD＋N対周波数特性―1：AD797、LT1115

　図2-24にAD797、LT1115のTHD＋N対信号周波数特性の測定結果を示す。同図においては、信号周波数f＝1kHzでAD797は0.0007%、LT1115は0.0004%と前項での**図2-**

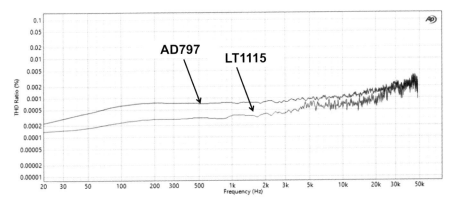

図2-24 THD＋N対信号周波数特性―1

17の1kHzでの結果と若干異なる。これは回路構成が異なる（帰還抵抗と小容量コンデンサーの並列接続の有無）ことによる。

　どちらのオペアンプ IC も信号周波数10k～48kHzの間でTHD＋N値の上昇傾向が見られるが、これは高域周波数ほど動作スピードの上昇による内部回路動作マージンが減少することによるものと思われる。

■0dBゲインTHD＋N対周波数特性―2：NE5534A、OPA604

　図2-25にNE5534A、OPA604のTHD＋N対信号周波数特性実測結果を示す。同図においても図2-24と同様に5kHz以上の周波数領域においての特性乱れが確認できる。

　信号周波数1kHzにおけるTHD＋N値は、NE5534Aが0.00025%、OPA604が0.0003%程度となっている。また、信号周波数20kHzにおいても0.001%程度であり、これはLPFによる帯域制限なし、帰還容量なしの条件下で相応に優れた値と言える。

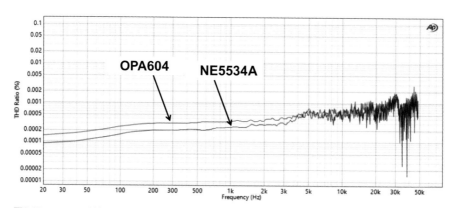

図2-25　THD＋N対信号周波数特性―2

■0dBゲインTHD＋N対周波数特性―3：OPA134、OPA627A

　図2-26にOPA134、OPA627AのTHD＋N対信号周波数特性実測結果を示す。

　同図も前4モデルと同様に5kHz以上の信号周波数での特性乱れが確認できる。信号周波数f＝1kHzでのTHD＋N値は、OPA134が0.00018%、OPA627Aが0.0002%と非常に優れた値となっている。前項でのTHD＋N対信号レベル特性における2Vrms出力の値よりやや良い値となっているが、0.0000X%オーダーの微小レベルなので、あまり気にしなくても許容できる違いと言える。

■0dBゲインTHD＋N対周波数特性―4：MUSES8820

　図2-27にMUSES8820のTHD＋N対信号周波数特性実測結果を示す。これも他のモデルと同様、信号周波数5kHz以上の周波数領域での特性乱れが見られる。信号周波数f

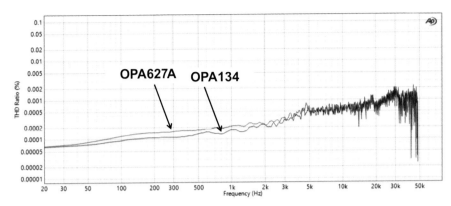

図2-26　THD＋N対信号周波数特性─3

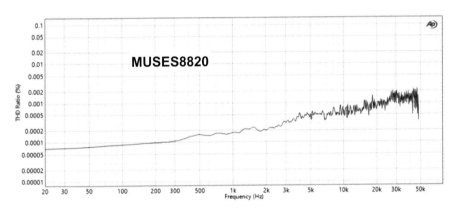

図2-27　THD＋N対信号周波数特性─4

＝1kHzでのTHD＋N値は0.00018％と非常に優れている。また前項と同様にTHD＋N
対信号レベル測定での2Vrms出力時の値より良い値となっている。

■0dBゲインTHD＋N対周波数特性─5：MUSES8820
　図2-28にMUSES8820のTHD＋N対信号周波数特性実測結果を示す。
　これも他のモデルと同様に、信号周波数5kHz以上の周波数領域での特性乱れが見られ
る。信号周波数f＝1kHzでのTHD＋N値はMUSES8820と同様に0.00018％と非常に優
れている。

■40dBゲインTHD＋N対周波数特性─6：AD797、LT1115
　図2-29に40dBゲイン条件でのAD797とLT1115のTHD＋N対信号周波数特性実測結
果を示す。両モデルの測定結果は近似している。信号周波数5kHz以上での特性表示乱れ

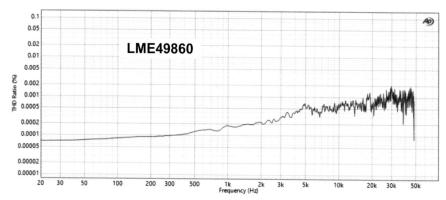

図2-28 THD＋N対信号周波数特性―5

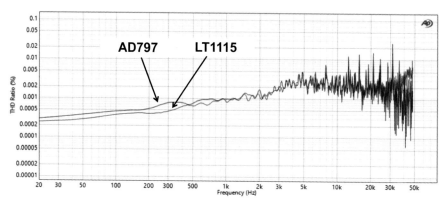

図2-29 THD＋N対信号周波数特性―6

は前述の理由による。測定帯域条件、信号レベルは前項と同じ、2Vrms出力でのものである。周波数f＝1kHzでのTHD＋N値は両モデル共に約0.001％と40dBゲイン条件でも相応の高性能（低THD＋N）であることを示している。

■40dBゲインTHD＋N対周波数特性―7：NE5534A、OPA604

　図2-30に40dBゲイン条件でのNE5534AとOPA604のTHD＋N対信号周波数特性実測結果を示す。

　同図より、信号周波数f＝1kHzにおけるTHD＋N値はNE5534Aが他モデルと同等レベルの0.001％に対して、OPA604は0.005％とやや劣る特性となっている。これはOPA604の設計思想によるもので、他のモデルよりゲイン帯域幅積が小さいため、帰還量も小さくなることによる。

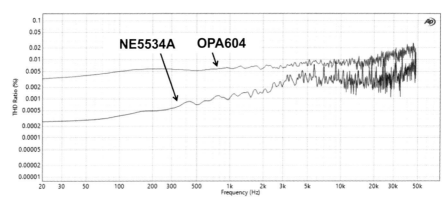

図2-30 THD＋N対信号周波数特性—7

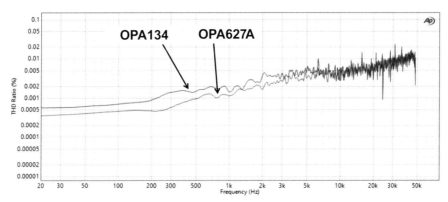

図2-31 THD＋N対信号周波数特性—8

■40dBゲインTHD＋N対周波数特性—8：OPA134、OPA627A

図2-31に40dBゲイン条件でのOPA134とOPA627AのTHD＋N対信号周波数特性実測結果を示す。

信号周波数f＝1kHzにおけるTHD＋N特性は、OPA627Aが約0.0012％、OPA134が約0.0018％とこれも40dBゲイン条件では相応に優れている。5kHz以上での特性乱れはAD797などに比べると小さいが、これはゲイン周波数/位相特性の違いによるものと思われる。

■40dBゲインTHD＋N対周波数特性—9：MUSES8820

図2-32に40dBゲイン条件でのMUSES8820のTHD＋N対信号周波数特性実測結果を示す。

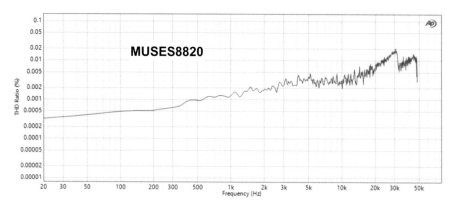

図2-32　THD＋N対信号周波数特性—9

　同図より、MUSES8820も他のモデルとほぼ同等のTHD＋N特性を示している。信号
周波数f＝1kHzにおけるTHD＋N値は40dBゲイン条件でも約0.0012％と優れた特性で
あることを示している。

■**40dBゲインTHD＋N対周波数特性—10：MUSES8820**
　図2-33に同様に40dBゲイン条件でのMUSES8820のTHD＋N対信号周波数特性実測
結果を示す。

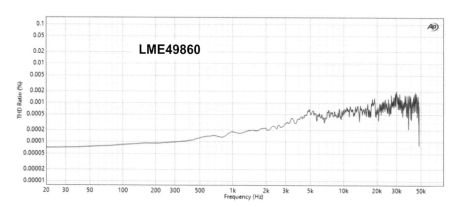

図2-33　THD＋N対信号周波数特性—10

　同図より、LME49860も他のモデルとほぼ同等のTHD＋N特性を示している。信号周
波数f＝1kHzにおけるTHD＋N値は40dBゲイン条件でも約0.0018％と優れた特性であ
ることを示している。

■THD + N対信号周波数特性のまとめ

図2-25から図2-33に0dBゲイン条件、40dBゲイン条件におけるTHD + N対信号周波数特性実測結果を示した。これらの測定結果から明らかなように、THD + N特性は信号周波数が高くなるに比例して悪くなる傾向が、全8モデルのオペアンプIC共通の傾向であることがわかる。また、全モデルとも共に測定結果グラフで信号周波数f = 5kHz以上の領域で特性乱れが見られるが、これは測定器側の要因と、帰還回路にコンデンサーを接続していないことによる安定性との問題と思われる。

2-4　FFT特性

FFT（Fast Fourier Transform/高速フーリエ変換）テストは、オペアンプICに限らずA/D・D/AコンバーターICやサンプルレートコンバーターICなど、多くのデバイスのテストに用いられている。FFT測定はテスト帯域でのテスト信号スペクトラムを解析・表示し、ダイナミック動作時のノイズスペクトラムも同時に表示するものである。THD + Nテストの場合は全高調波（THD）と雑音（N）を数値表示するが、FFTテストの場合は2次、3次等の「各高調波スペクトラム」と「ノイズフロアレベル」の表示となる。従って、テスト結果、を数値表示で読み取ることはできず、テスト結果はグラフから読み取る必要がある。数値表示はできないが、高調波の各成分分析（2次高調波が多いとか、3次高調波が多いなど）が可能であり、THD + N特性の構成が、各高調波成分と雑音税分でグラフから解析することができる。FFTテストでの基本条件には次に掲げるテストパラメーターがある。

・テスト信号周波数
・テスト信号レベル
・FFT測定帯域
・FFT測定ポイント数
・FFT解析ウインドウ（窓関数）
・FFT平均化測定回数

実測定ではこれらの各パラメーターを設定しなければならず、当然測定条件の差異により測定結果も異なってくる。被測定デバイス側の条件としては回路方式（反転、非反転）、回路ゲインの各パラメーターがあり、これらを全て網羅するとすると膨大なテスト/データ量となる。本項での測定ではFFT測定条件は全モデル共通としたもので実施した。また、測定結果の見方の指針を次に掲げる。

・信号スペクトラム：基本波や高調波のスペクトラムは実効値レベルである。

・ノイズフロアレベルは実効値でなく、雑音スペクトラム密度（nV/√Hz）である。

　従ってグラフ上でのノイズフロアレベル、たとえば−140dBなどは実効値のレベルではない。本項で表示したFFT測定結果でのノイズフロアレベルは各モデルの相対比較として参照されたい。詳細は省略するが、グラフ上のノイズフロアレベルは、0dB信号条件では下式で概算することができる。

・雑音実効値＝グラフでのノイズフロアレベル＋20（dB）

　たとえば、ノイズフロアレベルが−140dBであれば、−140dB＋20＝−120dBが雑音実効値レベルの「概算値」として求められる。

2-4-1　0dBゲイン・1kHz信号FFT

　本項では前項で測定した各社オペアンプICモデルのFFT特性測定結果を示す。測定条件としては、0dBゲインアンプ回路、出力信号レベル2Vrms＝0dBV、信号周波数f＝1kHz、測定帯域＝20kHzの各条件である。測定帯域を20kHz上限としたのは、高調波（歪み）やノイズを人間が理論的に感知できる聴感帯域を考慮してのものである。測定結果の見方としては、各オペアンプICモデルの高調波の発生状況とノイズフロアレベルの相対比較に着目していただきたい。

■AD797

　図2-34にAD797の0dBゲイン回路、信号レベル2Vrms出力（＝0dBV）、信号周波数f＝1kHz条件でのFFT測定結果を示す。

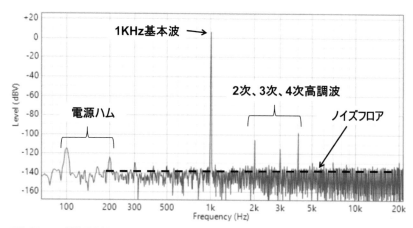

図2-34　FFT特性測定結果―1：AD797

　図2-34のFFT測定結果について解説する。同図センターの信号スペクトラムはテスト

信号（0dBV、1kHz）で、周波数2kHzに約−105dB、3kHzに約−115dB、4kHzに約−100dBの各高調波スペクトラムを確認することができる。高調波成分としては2次、4次の偶数高調波が3次の奇数次高調波より大きい（といってもわずかであるが）。グラフをよく見ると、周波数5kHz、6kHz、7kHzにも高調波成分が見られるが、ノイズフロアレベルよりわずかに見られる程度の低レベルである。100Hzと200Hzに見られるスペクトラムは電源ハムの成分である。ノイズフロアレベルは約−140dBVのレベルであり、前述の計算式によりノイズ実効値レベルは約−120dBに換算できる。

■LT1115

図2-35にLT1115の0dBゲイン回路、信号レベル2Vrms出力（＝0dBV）、信号周波数f＝1kHz各条件でのFFT測定結果を示す。同図より、AD797と同様に2次、3次、4次の各高調波成分が大きいことが確認できる。2次高調波は−105dB、3次は−108dB、4次は−125dBの各レベルであり、2次高調波と3次高調波が歪みのほとんどを占めていることがわかる。5次以上の高調波も確認できるが、そのレベルはほとんどノイズフロアレベルよりわずかに大きい程度である。ノイズフロアレベルはAD797と同じ−140dB程度である。また、電源ハムの影響はこの測定ではない。

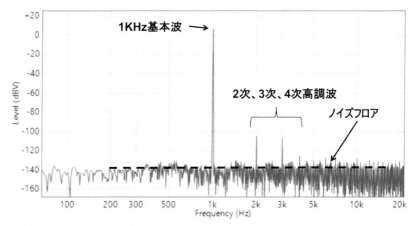

図2-35 FFT特性測定結果─2：LT1115

■NE5534A

図2-36にNE5534Aの0dBゲイン回路、信号レベル2Vrms出力（＝0dBV）、信号周波数f＝1kHz各条件でのFFT測定結果を示す。

同図より、NE5534Aの場合は高調波成分としては2次高調波と3次高調波のみが確認でき、3次以上の高調波成分は確認できない。2次高調波は−120dB、3次高調波は−

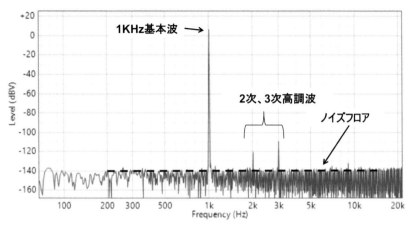

図2-36　FFT特性測定結果—3：NE5534A

110dBの低レベルであるが、特徴的なものとしては2次高調波よりも3次高調波のほうが大きいことである。ノイズフロアレベルは前述の2モデルと同等の−140dBとなっている。

■OPA604

　図2-37にOPA604の0dBゲイン回路、信号レベル2Vrms出力（＝0dBV）、信号周波数f＝1kHz各条件でのFFT測定結果を示す。同図より、NE5534Aと同様に高調波成分は2次と3次のみで、2次高調波は−108dB、3次高調波は−110dBである。ノイズフロアレベルも他の同様に−140dBレベルである。

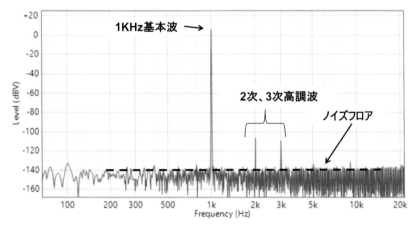

図2-37　FFT特性測定結果—4：OPA604

■OPA134

　図2-38にOPA134の0dBゲイン回路、信号レベル2Vrms出力（＝0dBV）、信号周波数f＝1kHz各条件でのFFT測定結果を示す。同図より、NE5534Aと同様に高調波成分は2次と3次のみで、2次高調波は－125dB、3次高調波は－110dBである。2次高調波に比べて3次高調波のほうが多いのが特徴的である。ノイズフロアレベルも他の同様に－140dBレベルである。

■OPA627A

　図2-39にOPA627Aの0dBゲイン回路、信号レベル2Vrms出力（＝0dBV）、信号周波

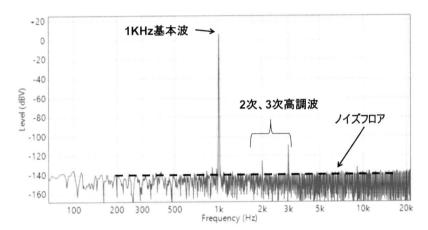

図2-38　FFT特性測定結果―5　OPA134

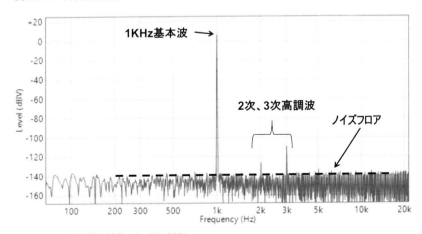

図2-39　FFT特性測定結果―6　OPA627A

数 f ＝ 1kHz 各条件での FFT 測定結果を示す。同図より、OPA134 と同様に高調波成分は
2 次と 3 次のみで、2 次高調波は － 126dB、3 次高調波は － 110dB である。OPA134 と同様
に 2 次高調波に比べて 3 次高調波のほうが多いのが特徴的である。ノイズフロアレベルも
他の同様に － 140dB レベルである。OPA627 のデータシートでは同オペアンプ IC の内部
増幅回路が全て FET 構成であり、原理上（FET 伝達特性）奇数次高調波の発生がないこと
が記載されていたが、実際には 3 次の高調波が確認できる。

■MUSES8820

　図2-40 に MUSES8820 の 0dB ゲイン回路、信号レベル 2Vrms 出力（＝ 0dBV）、信号周
波数 f ＝ 1kHz 各条件での FFT 測定結果を示す。同図より、NE5534A と同様に高調波成
分は 2 次と 3 次のみで、2 次高調波は － 123dB、3 次高調波は － 110dB である。2 次高調波
に比べて 3 次高調波のほうが多いのが特徴的である。ノイズフロアレベルも他の同様に －
140dB レベルである。

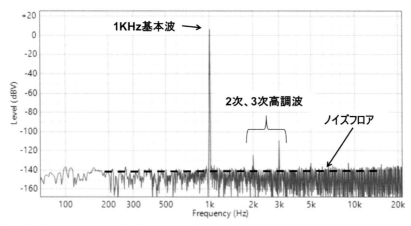

図2-40　FFT特性測定結果—7：MUSES8820

■LME49860

　図2-41 に LME49860 の 0dB ゲイン回路、信号レベル 2Vrms 出力（＝ 0dBV）、信号周波
数 f ＝ 1kHz 各条件での FFT 測定結果を示す。同図より、NE5534A と同様に高調波成分
は 2 次と 3 次のみで、2 次高調波は － 120dB、3 次高調波は － 110dB である。2 次高調波に
比べて 3 次高調波のほうが多いのが特徴的である。また、わずかであるが 4 次、5 次の高
調波スペクトラムも確認できる。ノイズフロアレベルも他の同様に － 140dB レベルである。

■FFT特性測定結果の考察

　図2-34 から図2-41 で掲げた各オペアンプ IC の FFT 測定の測定結果からの考察をまと

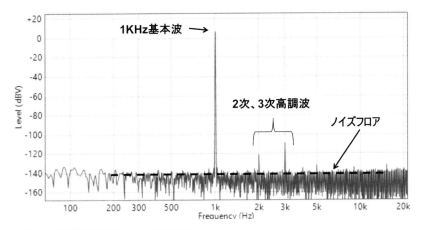

図2-41 FFT特性測定結果—8　LME49860

めると次のようになる。

・0dBゲイン、出力信号レベル2Vrms条件で発生する全高調波（THD）は2次高調波、3次高調波がそのほとんどである。

・0dBゲイン、出力信号レベル2Vrms条件でのFFT測定ノイズフロアレベルはオペアンプICモデルによってわずかな差異があるが、ほとんど−140dBのレベルである。これは測定器の当該測定条件下で測定ダイナミックレンジが制限されているものと思われる。

2-4-2　40dBゲイン・1kHz信号FFT

　本項では前項と同様に各社オペアンプICモデルのFFT特性測定結果を示す。測定条件としては、40dBゲインアンプ回路、0dBゲインと同様に出力信号レベル2Vrms＝0dBV、信号周波数f＝1kHz、測定帯域＝20kHzの各条件である。

■AD797

　図2-42にAD797の40dBゲイン回路、信号レベル2Vrms出力（＝0dBV）、信号周波数f＝1kHz各条件でのFFT測定結果を示す。

　同図より、40dBゲイン回路でのFFT特性は1kHz、0dBVテスト信号に対して、N次の高調波成分はほとんど確認できず、わずかな電源ハム成分とほぼフラットなノイズフロア成分のみである。このことは40dBなどの比較的ハイゲイン回路では高調波歪み（THD）よりもノイズ（N）がTHD＋N値のほとんどを占めていることになる。すなわち、前項の**図2-23**で示した40dBゲイン条件での各オペアンプICモデルのTHD＋N値（たとえば0.004%）はTHD成分よりもノイズ成分がほとんどであると推測できる。

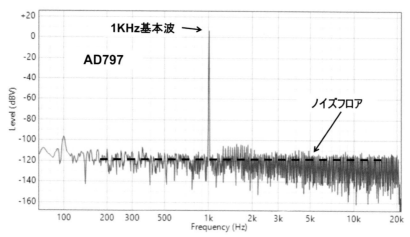

図2-42　40dBゲインFFT特性実測例─1：AD797

■他オペアンプICの40dBゲインFFT特性実測例

　これは被測定オペアンプICの全モデルの実測結果を考察してのものである。結論から言えば、各オペアンプICモデルの特性実測結果は非常に近似しており、オペアンプICモデル別の特性の差異がわずかなものであった。近似特性を全8モデル掲載するのは紙幅の都合もあり省略させていただき、代表例として他の2モデルの特性を提示することとした。ここでは、代表例として**図2-43**にMUSES8820、**図2-44**にOPA134の実測データを示す。

　両モデルともわずかではあるが、AD797に比べてノイズフロアレベルが高くなっている。

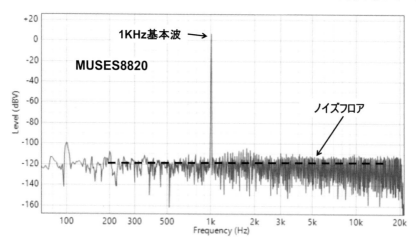

図2-43　40dBゲインFFT特性実測例─2：MUSES8820

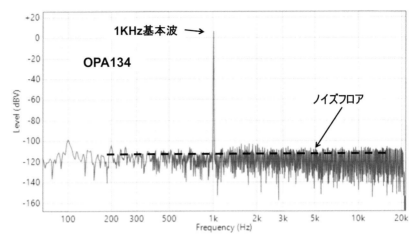

図2-44　40dBゲインFFT特性実測例—3：OPA134

2-4-3　60dBゲイン・1kHz信号FFT

　本項では60dBゲイン回路（条件）でのFFTスペクトラム実測結果を示す。信号周波数はf＝1kHz、出力信号レベル＝2Vrms（入力信号レベル＝2mVrms）条件での実測を実施した。各オペアンプICのゲイン帯域幅特性の影響はゲイン誤差とノイズフロア特性に現れることになる。なお、ゲイン帯域幅特性の影響も見るために測定帯域は48kHz（前項までは20kHz）としている。また、グラフの縦軸スケールは基準レベル・dB単位でなく、ノイズレベル・Vrmsとしている。ただし、グラフ左側のスケールにはLevel（Vrms）と表示していて、信号レベルにはこのまま適用できるが、ノイズレベルには前項2-4-1で解説した通り、実効値レベルではなく、雑音スペクトラム密度（nV/√Hz）となる。従って、測定結果グラフの見方としては、各オペアンプICモデルの高調波の発生の有無とその量、ノイズフロアレベルとその周波数特性について着目していただきたい。

■AD797

　図2-45にAD797における60dBゲイン、信号周波数f＝1kHz、2Vrms出力、48kHz帯域でのFFT特性実測例を示す。

　同図より、100Hz〜400Hzの間に電源ハムノイズのスペクトラムが確認できるが、基本的には1kHz基本波信号スペクトラムとノイズスペクトラムが確認できる。40kHz付近に僅かなスペクトラムが確認できるがこれについては何らかの誤測定と思われる。いずれにしろ、THD（高調波）成分は確認できず、前述の通り、60dBゲイン回路での測定THD＋N値はほとんど雑音（N）がほとんどを占めていると言える。

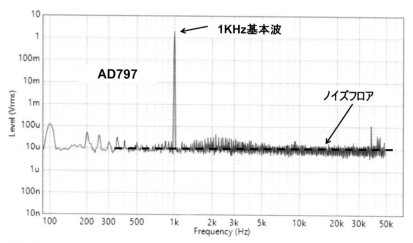

図2-45　60dBゲインFFT特性例―1：AD797

■LT1115

　図2-46にLT1115における60dBゲイン、信号周波数f = 1kHz、2Vrms出力、48kHz帯域でのFFT特性実測例を示す。同グラフより測定結果はAD797とほぼ同等であることがわかる。

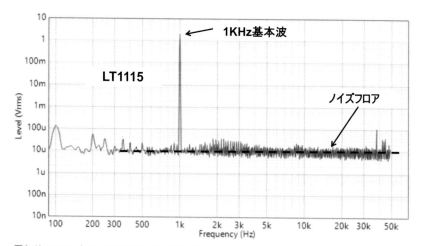

図2-46　60dBゲインFFT特性例―2：LT1115

■OPA134

図2-47にOPA134における60dBゲイン、信号周波数f＝1kHz、2Vrms出力、48kHz帯域でのFFT特性実測例を示す。

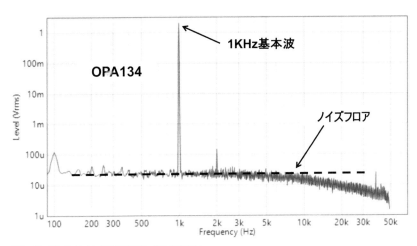

図2-47 60dBゲインFFT特性例─3：OPA134

図2-47では前述の**図2-45**（AD797）、**図2-46**（LT1115と）異なり、縦軸にスケール範囲設定を変えている。特徴としては1kHz基本波信号に対して2kHzに2次高調波を確認することができる。ノイズフロアレベルは周波数1kHzにおいて、AD797などの10μV付近に対して、OPA134では約20μV付近と約2倍のノイズ量となっている。また、ゲイン帯域幅特性の影響により周波数5kHz付近からなだらかにノイズフロアが減少している。

■MUSES8820

図2-48にMUSES8820における60dBゲイン、信号周波数f＝1kHz、2Vrms出力、48kHz帯域でのFFT特性実測例を示す。**図2-46**（OPA134）と同様にゲイン帯域幅積特性により10kHz以上に帯域でノイズフロアレベルが減少している。

■LME49860

図2-49にLME49860における60dBゲイン、信号周波数f＝1kHz、2Vrms出力、48kHz帯域でのFFT特性実測例を示す。同図より、当該モデルでは1kHz基本波以外に明らかに高調波（周波数2kHz、3kHz、4kHz）と思われるスペクトラム成分と、ランダムな信号スペクトラムが確認できる。これらのスペクトラムレベルは2Vrms基準で−80dB前後のレベルである。これらのスペクトラムの原因は不明であるが、他のオペアンプICと同一条件（同一測定基板）で発生していることから、LME49860の高ゲイン回路条件での独自

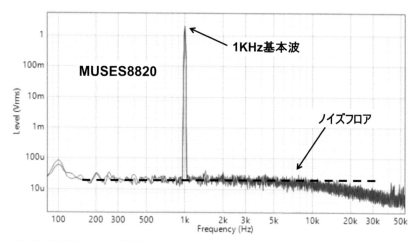

図2-48　60dBゲインFFT特性例—4：MUSES8820

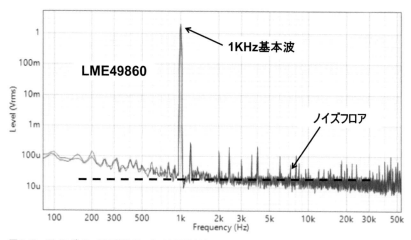

図2-49　60dBゲインFFT特性例—5：LME49860

の動作傾向と思われる。測定回路には帰還系は抵抗のみであるので、帰還抵抗に小容量コンデンサーを並列接続することによりこの現象は回避できると思われる。ノイズフロアレベルは18μV付近であり、MUSES8820よりはわずかに小さく、48kHzまでフラットである。

■NE5534A

　図2-50にNE5534Aにおける60dBゲイン、信号周波数f＝1kHz、2Vrms出力、48kHz帯域でのFFT特性実測例を示す。同図より、高調波成分が確認できず、ノイズフロア特性は約10μV付近で、周波数48kHzまでほとんどフラットな特性となっている。

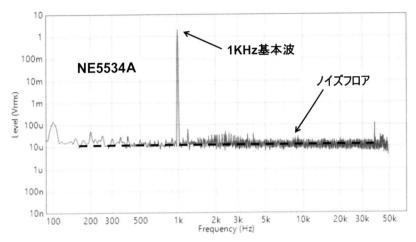

図2-50 60dBゲインFFT特性─6：NE5534A

■OPA604

図2-51にOPA604における60dBゲイン、信号周波数f＝1kHz、2Vrms出力、48kHz帯域でのFFT特性実測例を示す。周波数2kHzに明らかな2次高調波が確認できる。またノイズフロアレベルは約30μV付近で、他のオペアンプICモデルに比べてやや大きなノイズレベルである。また周波数20kHzより高い周波数で、わずかなノイズフロアの減少も確認できる。

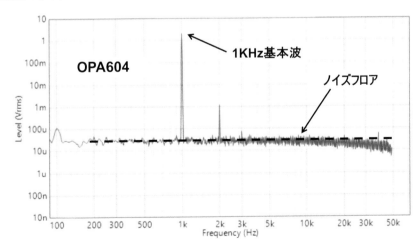

図2-51 60dBゲインFFT特性─7：OPA604

■OPA627A

図2-52にOPA627Aにおける60dBゲイン、信号周波数f＝1kHz、2Vrms出力、48kHz帯域でのFFT特性実測例を示す。2次高調波が確認できるが微小レベルである。ノイズフロアレベルは12μV付近である。OPA604と同様に周波数20kHz以上でわずかなノイズフロアレベルの減衰特性が見られる。

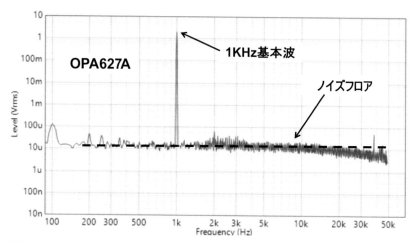

図2-52　60dBゲインFFT特性―8：OPA627A

2-4-4　0dBゲイン・10kHz信号FFT

本項では0dBゲイン、信号周波数f＝10kHz条件でのFFTテスト結果を示す。紙幅の都合により、全8モデルのうち4モデルのみを掲載する。基本的には8モデルともにほぼ同傾向のFFT測定結果を得たことにもよるが、内部回路動作状態としては信号周波数fが高くなることによる動作マージンの減少がどのように影響するかが、再生信号の高調波成分と高調波レベルに現れることとなる。**図2-53**にLT1115、**図2-54**にNE5534Aのテスト結果を示す。いずれの場合も、10kHzテスト信号基本波に対して、20kHz（2次）〜70kHz（7次）に高調波スペクトラムを確認することができる。ノイズフロアレベルは−140dBVであり、1kHz信号と同等レベルである。

■LT1115

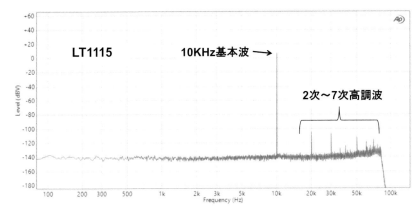

図2-53 0dB・10kHz信号FFT特性─1：LT1115

■NE5534A

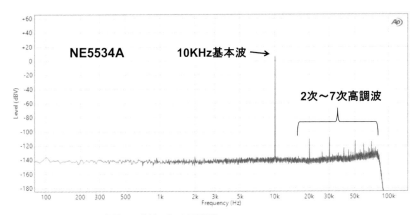

図2-54 0dB・10kHz信号FFT特性─2：NE5534A

同様に**図2-55**にMUSES8820、**図2-56**にOPA604の0dBゲイン、f＝10kHzでのFFT
特性測定結果を示す。

■MUSES8820

MUSES8820では特徴的な結果が得られた。10kHz基本波に対して20kHz〜70kHzの
間に高調波スペクトラムを確認できるのは他のオペアンプICと同様の傾向であるが、
MUSES8820では10kHz基本波より低い周波数に僅かなスペクトラムを確認することが
できる（**図2-54**でのFFT測定結果において。↓で示した、1kHz、2kHz、4kHz、6kHz）。

この発生原因は単一信号なので混変調ではなく、非直線性の何か特殊な伝達特性での結果と推測される。

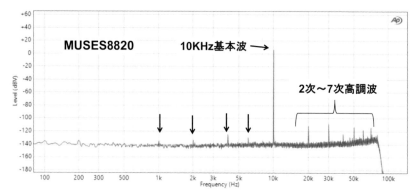

図2-55　0dB・10kHz信号FFT特性―3：MUSES8820

■OPA604
　図2-56に示したOPA604の場合は、MUSES8820と異なり、10kHzテスト信号より低い周波数でのスペクトラムはない。20kHz（2次）から70kHz（7次）に高調波スペクトラムが確認できるが、前述の通り、これは他のモデルと同じ傾向である。

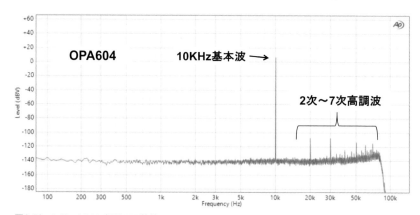

図2-56　0dB・10kHz信号FFT特性―4：OPA604

2-4-5　40dBゲイン・10kHz信号FFT
　本項では40dBゲイン、信号周波数f＝10kHz条件でのFFTテスト結果を示す。ここで

も紙幅の都合により、全8モデルのうち、4モデルのみを掲載する。**図2-57**に40dBゲイン、f = 10kHz条件でのMUSES8820のFFTテスト結果を、**図2-58**にOPA604のFFTテスト結果をそれぞれ示す。10kHz基本波に対して2次（20kHz）、3次（30kHz）の各高調波成分が確認できる。周波数60kHz、70kHz付近にも高調波と思われるスペクトラムが確認できるが、この周波数領域は聴感帯域外なので、音質への影響はほとんどないと思える。ノイズフロアレベルはMUSES8820が－120dBV付近、OPA604が－110dBV付近で、約10dBの差異がある。

■MUSES8820

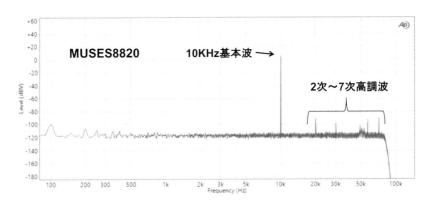

図2-57 40dB・10kHzFFT特性―1：MUSES8820

■OPA604

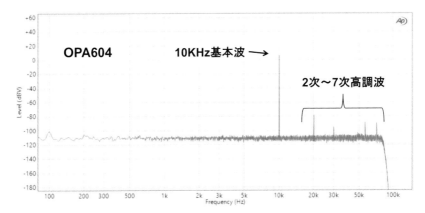

図2-58 40dB・10kHzFFT特性―2：OPA604

■LT1115

図2-59にLT1115の40dBゲイン条件、再生信号周波数f = 10kHzにおけるFFT特性測定結果を示す。前述の2モデルと異なり、10kHz信号に対する高調波の発生状態が異なり、2次（20kHz）高調波は全く確認できず、3次（30kHz）高調波のレベルも非常に小さい。

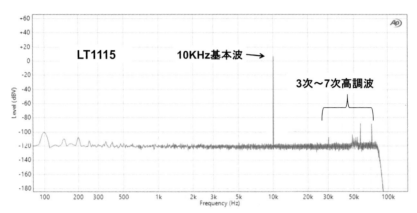

図2-59　40dB・10kHzFFT特性―3：LT1115

■NE5534A

図2-60に同様にNE5534Aの40dBゲイン条件、再生信号周波数f = 10kHzにおけるFFT特性測定結果を示す。NE5534Aでは2次（20kHz）、3次（30kHz）の高調波が確認できるが、前述のMUSES8820やOPA604に比べるとその発生レベルは6～10dB程度低い。

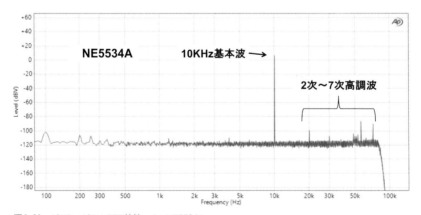

図2-60　40dB・10kHzFFT特性―4：NE5534A

2-5　S/N特性

　オーディオ、デジタルオーディオ機器におけるS/N特性は、フルスケール信号Sと無信号時のノイズNとの比であり下式で定義される。

・SNR = 20Log（N/S）〔dB〕

　S/N特性はオーディオ機器やA/D・D/AコンバーターICデバイスでは特性仕様で規定されているが、オペアンプICの場合はS/Nとしての規定はない。オーディオ用オペアンプICにおいてもノイズ特性は雑音スペクトラム密度（nV/√Hz）と、特定帯域幅での雑音実効値（nVrms）で規定されている場合がほとんどである。

　本項では各オペアンプICの0dBゲイン（バッファー）回路と40dBゲイン回路での基準信号2Vrmsを0dBとし、無信号時のノイズ実効値をS/Nとして測定した結果を示す。

　測定帯域は20kHzとし、コンシューマオーディオで標準的に用いられている聴感補正フィルター（A-Weighted）を用いての測定となる。第1章の**図1-36**にA-Weightedフィルターの周波数特性を示している。

2-5-1　S/N特性画面例

　図2-61に0dBゲイン条件でのS/N実測画面、**図2-62**に40dBゲイン条件でのS/N測定画面例をそれぞれ示す。前述の通り、基準出力信号レベル・2Vrms = 0dB、測定帯域は20kHz、A-Weightedフィルター使用条件によるものである。ここでは掲載スペースの関係から、全8モデルのうちNE5534AとOPA134を代表例として掲載する。同図から、S/N特性は次の通りに測定された。

・NE5534A：127.1dB/0dBゲイン。91.7dB/40dBゲイン
・OPA604：123.3dB/0dBゲイン。84.7dB/40dBゲイン

　これらの測定画面例ではS/Nを棒グラフと測定値で示している。0dBゲイン条件でのS/Nは各オペアンプICデバイスでのS/Nの限界特性であり、実装オーディオ/デジタルオーディオ機器のS/Nは、ここでのオペアンプIC単体以上のS/N特性を得ることはできない。

2-5-2　S/N特性結果

　0dBゲイン条件、40dBゲイン条件での全8モデルと測定結果を**図2-63**（表）に示す。0dBゲイン条件でのS/Nは最小123.3dB（OPA604）、最大127.1dB（NE5534A）で、いずれの場合も120dB以上の高性能特性（超低ノイズ特性）を実回路での実測でも確認することができた。

　40dBゲイン条件でのS/Nは、0dB条件よりも各オペアンプICモデルによる差異がやや

■0dBゲイン・S/N測定画面例

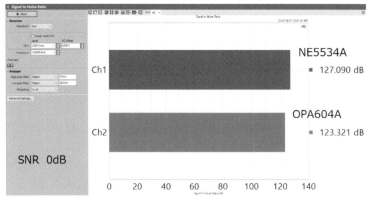

図2-61　S/N測定画面例―1

■40dBゲイン・S/N特定画面例

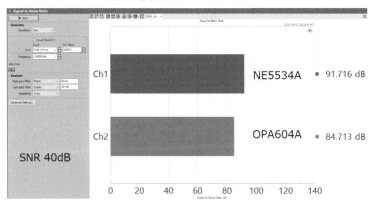

図2-62　S/N測定画面例―2

S/N比実測	フルスケール2Vrms	フルスケール2Vrms
オペアンプモデル	0dBゲイン・S/N比特性	40dBゲイン・S/N比特性
AD797	126.0dB	91.5dB
LT1115	126.2dB	93.4dB
LME49860	124.4dB	83.5dB
MUSES8820	126.7dB	90.2dB
NE5534A	127.1dB	91.7dB
OPA604	123.3dB	84.7dB
OPA627A	126.6dB	90.3dB
OPA134	124.4dB	86.3dB

図2-63　S/N特性実測結果

大きくなった。最小でLME49860の83.5dB、最大でNE5534Aの91.7dBとその差異は約7dBである。LME49860の値は位相補償等を実施することにより改善できると思われる。また、40dBゲイン条件でも平均的に85dB程度のS/Nが得られるということは、RIAAイコライザーアンプなどのアプリケーションでも相応の高S/N特性が得られることを意味しており、各オペアンプICでの高性能あるいは低ノイズの製品Featureは額面通りのものであると言える。

コラム—5

　本書で解説・紹介した高性能オーディオ用オペアンプICは多くのオーディオ/デジタルオーディオ機器で用いられている。本コラムではAUDIOTRAK社のDAC内蔵ヘッドフォンアンプ・DR.DAC2DXについて紹介する。当製品ではデフォルトではOPA2604（604のDualタイプ）とOPA2134（134のDualタイプ）が用いられている。ソケット装着なのでオペアンプICを交換して、その差異を確認することができるユニークな製品である。

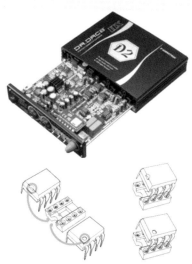

DR.DAC2 DXはヘッドホン出力にTi社のOPA2604のOPAMPがデフォルトに装着され、LINE出力にはOPA2134のOPAMPが交換可能なソケット方式で装着されているので、音楽の好みに応じてOPAMPを選ぶことができます。

コラム—5　図

2-6　音質評価

　本項では今まで特性評価した各種オペアンプ IC 全 8 モデルについての「音質評価」について解説する。多くのオーディオ雑誌などではオーディオ製品の音質評価、また新譜紹介ではアルバムの録音品質評価を見ることができる。筆者自身正直これらの評価は信用していない訳ではないが、話し半分ぐらいにとらえておくのが無難であると考えている。これは、これらが掲載されている媒体の商業的な忖度が全くないとは言い切れないとも思えるからである。

　一方、音楽の好みや音の好みは個人によって異なるのは当然であるが、オーディオ再生システムにおける音質の差異は歴然と存在するも事実である（個人の好みの違いはあるものの）。価格で表現するのも躊躇されるが、1 万円の再生システム、10 万円前後の再生システム、100 万円以上の再生システムでは明らかな音質グレード（品位/品質）の差異をほとんどの方が聴き分けることができるのも事実である。

　プロフェッショナルな領域に入ると、たとえば筆者自身は、オーディオメーカーや半導体メーカーで音質評価をおこなってきた経験を有する。それらは、たとえば使用コンデンサー（同一容量/同一定格電圧）での音質差異や、D/A コンバーター IC デバイスモデルでの音質差異を「業務」として評価してきた経験と実績を有している。

　また、これも D/A コンバーター IC の音質評価での経験であるが、大手メーカーにおいて、同社試聴室にて製品開発/設計エンジニア 10 名に下記 4 モデルの D/A コンバーター IC（120dB などの数値はダイナミックレンジ特性スペック）の音質評価イベントを行った結果を紹介する。もちろん、試聴前に各 IC の製品情報は未公開でのブラインドテストである。

・#1：A 社 120dB グレード製品
・#2：B 社 116dB グレード製品
・#3：A 社 105dB グレード製品
・#4：B 社 102dB ブレード製品

　音質評価結果は次の 3 通りになった。

・#1→#2→#3→#4 の順での評価結果：5 名（特性グレード順での評価）
・#1→#3→#2→#4 の順での評価結果：3 名（A 社の音が好み）
・#2→#4→#1→#3 の順での評価結果：2 名（B 社の音が好み）

　この試聴結果は、オーディオ製品開発/設計に従事するプロのエンジニアでも各個人の好みで音質評価結果の差異があることを示しており、これも音質評価の実例のひとつである。本項での音質評価結果は、これらの音質評価に関する事実を踏まえて、読者には解釈していただきたいと思う。

　今回の音質評価では「点数方式」を採用した。オーディオ雑誌などでの評論家諸氏の音質評価表現は文学的（たなびくようなヴァイオリンの音色とか、～な空間を見事に再現とか、端正な表現力とか）なものが多く、本項での音質比較評価には適さないと判断したものである。今評価では評価項目を設定し、各評価項目に対しての被評価デバイス（オペアンプIC）の優劣を点数化することにした。

2-6-1　音質評価条件

　各オペアンプICの音質評価は、オーロラサウンド株式会社（代表者・唐木志延夫氏）の協力のもと同社試聴室で実施した。音質評価用にシンプルな非反転型ゲインアンプ回路基板を用意、各オペアンプICはソケット対応で交換できるようにした。**図2-64**に音質評価用基板の回路図を、**図2-65**に同様に外観写真を示す。評価基板が2枚あるのは、音質評価のリファレンス用と被評価用を用意したものである。

■試聴システム

　同様に試聴システムについて解説する。**図2-66**にシステム構成と信号フローを示す。音源はCDDA（オーディオCD）でCDプレーヤーのLINE出力を被測定オペアンプIC基板信号入力に接続、被測定オペアンプ基板の信号出力をメインアンプに接続している。メインアンプ出力はB&Wのスピーカーに接続しての音出しである。

　図2-67に試聴室のようすを示す。各種機材が常備されており、スピーカーシステムも数種類あるが、本試聴では前述の通りB&W802Dを用いた。

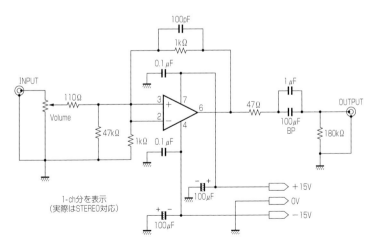

図2-64　音質評価基板回路図

図2-65　音質評価基板外観図

TASCAM　CD-500　　　　　　**評価基板**

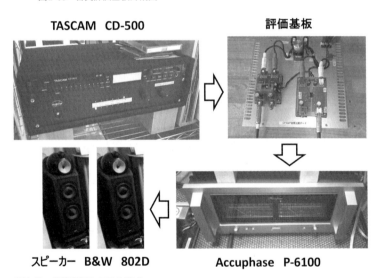

スピーカー　B&W　802D　　**Accuphase　P-6100**

図2-66　音質評価システム構成

■試聴CDディスク

　今回の比較試聴に際して、クラシック、ジャズ、ポップスなどの各音楽分野から数枚ず
つ、合計6〜7枚の音楽CDを用意して本番前に各音楽CDを再生した。音質差がわかりや
すいものと音楽分野のバランスをとり、最終的には**図2-68**に示す3枚のディスクでの音
質評価を実施した。

図2-67　試聴室のようす

図2-68　評価ディスク3枚

・ディスクA

　『村治佳織/Resplandor De La Guitarra』：オーケストラ＋クラシックギターの編成

・ディスクB

　『藤田恵美/camomile Best Audio』：ギター＆ベース＋女性Vocalの構成のポップスJazz

・ディスクC

　『天満敦子/BALADA』：クラシックピアノ＋ヴァイオリンのシンプル構成

　上記3アルバムのうち、上の2アルバムは市販アルバムであるが、最下段のBALADは日本オーディオ協会（JAS）の会員広報誌『Jas Journal』1995年Vol.34、5月号の特別付録品のCDアルバムである。余談だが、筆者が半導体企業在籍時にD/AコンバーターICの音質評価時にもよく用いていたものである。

2-6-2　音質評価結果

　各CDディスクの音質評価結果は前述の通り採点方式を用いて、最も多くの人に性能と音質について知られていると思われるNE5534Aを音質上の標準（標準を3点）とした。**図2-69**に今回の音質評価用に用意した採点シートを示す。同図での音質評価項目としては、

・全体的総合音質

・分解能の良さ・繊細さ

・音のヌケの良さ

・各楽器の定位の良さ

・低音、高音の質の良さ

評価項目/評価点	← 劣る		標準	優秀	→
全体的総合音質	1	2	3	4	5
分解能の良さ・繊細さ	1	2	3	4	5
音のヌケの良さ	1	2	3	4	5
各楽器の定位の良さ	1	2	3	4	5
低音、高音の質の良さ	1	2	3	4	5

図2-69　音質評価用採点シート

の5項目である。もちろん他の評価項目もあると思われるし、これがベストとも思っていないが、今回はこの項目での評価（採点）を実施した。

　音質評価は前述の3種類の音楽CDソフトを7種類（5534タイプは前述の通り基準モデルとしたので）のオペアンプICモデルごとに実施した。すなわち評価者1人につき、3ディスク×7オペアンプIC＝21の評価結果に加えて、今回は2名で実施したので、21×2＝42種類の採点シートとなる。以下に各オペアンプICモデルの採点シートを示す。採点シートは左側が採点者A、右側が採点者Bで、シートの縦列は上から順にディスクA（村治香織/Resplandor De La Guitarra）、ディスクB（藤田恵美/camomile Best Audio）、ディスクC（天満敦子/BALADA）である。

■評価シート―1：AD797

ディスクA　評価者A

評価項目/評価点	← 劣る		標準	優秀	→
全体的総合音質	1	2	3	④	5
分解能の良さ・繊細さ	1	2	③	4	5
音のヌケの良さ	1	2	③	4	5
各楽器の定位の良さ	1	2	3	④	5
低音、高音の質の良さ	1	2	3	④	5

ディスクA　評価者B

評価項目/評価点	← 劣る		標準	優秀	→
全体的総合音質	1	2	③	4	5
分解能の良さ・繊細さ	1	2	3	④	5
音のヌケの良さ	1	2	3	④	5
各楽器の定位の良さ	1	2	③	4	5
低音、高音の質の良さ	1	2	③	4	5

ディスクB　評価者A

評価項目/評価点	← 劣る		標準	優秀	→
全体的総合音質	1	2	3	④	5
分解能の良さ・繊細さ	1	②	3	4	5
音のヌケの良さ	1	2	③	4	5
各楽器の定位の良さ	1	2	③	4	5
低音、高音の質の良さ	1	2	3	④	5

ディスクB　評価者B

評価項目/評価点	← 劣る		標準	優秀	→
全体的総合音質	1	2	③	4	5
分解能の良さ・繊細さ	1	2	③	4	5
音のヌケの良さ	1	2	③	4	5
各楽器の定位の良さ	1	2	③	4	5
低音、高音の質の良さ	1	2	3	④	5

ディスクC　評価者A

評価項目/評価点	← 劣る		標準	優秀	→
全体的総合音質	1	2	3	④	5
分解能の良さ・繊細さ	1	2	③	4	5
音のヌケの良さ	1	2	③	4	5
各楽器の定位の良さ	1	2	3	④	5
低音、高音の質の良さ	1	2	3	④	5

ディスクC　評価者B

評価項目/評価点	← 劣る		標準	優秀	→
全体的総合音質	1	2	③	4	5
分解能の良さ・繊細さ	1	2	③	4	5
音のヌケの良さ	1	②	3	4	5
各楽器の定位の良さ	1	2	3	④	5
低音、高音の質の良さ	1	2	③	4	5

■評価シート―2：LT1115

ディスクA　評価者A

評価項目/評価点	← 劣る　標準　優秀 →
全体的総合音質	1　2　3　4　⑤
分解能の良さ・繊細さ	1　2　3　④　5
音のヌケの良さ	1　2　3　④　5
各楽器の定位の良さ	1　2　3　4　⑤
低音、高音の質の良さ	1　2　3　4　⑤

ディスクA　評価者B

評価項目/評価点	← 劣る　標準　優秀 →
全体的総合音質	1　2　3　④　5
分解能の良さ・繊細さ	1　2　③　4　5
音のヌケの良さ	1　2　3　④　5
各楽器の定位の良さ	1　2　3　④　5
低音、高音の質の良さ	1　2　3　④　5

ディスクB　評価者A

評価項目/評価点	← 劣る　標準　優秀 →
全体的総合音質	1　2　3　④　5
分解能の良さ・繊細さ	1　2　3　④　5
音のヌケの良さ	1　2　③　4　5
各楽器の定位の良さ	1　2　3　④　5
低音、高音の質の良さ	1　2　3　4　⑤

ディスクB　評価者B

評価項目/評価点	← 劣る　標準　優秀 →
全体的総合音質	1　2　3　④　5
分解能の良さ・繊細さ	1　2　③　4　5
音のヌケの良さ	1　2　③　4　5
各楽器の定位の良さ	1　2　3　④　5
低音、高音の質の良さ	1　2　3　④　5

ディスクC　評価者A

評価項目/評価点	← 劣る　標準　優秀 →
全体的総合音質	1　2　3　4　⑤
分解能の良さ・繊細さ	1　2　3　④　5
音のヌケの良さ	1　2　3　④　5
各楽器の定位の良さ	1　2　3　4　⑤
低音、高音の質の良さ	1　2　3　4　⑤

ディスクC　評価者B

評価項目/評価点	← 劣る　標準　優秀 →
全体的総合音質	1　2　3　④　5
分解能の良さ・繊細さ	1　2　3　④　5
音のヌケの良さ	1　2　③　4　5
各楽器の定位の良さ	1　2　③　4　5
低音、高音の質の良さ	1　2　3　④　5

■評価シート―3：LME49860

ディスクA　評価者A

評価項目/評価点	← 劣る　標準　優秀 →
全体的総合音質	1　2　③　4　5
分解能の良さ・繊細さ	1　2　③　4　5
音のヌケの良さ	1　②　3　4　5
各楽器の定位の良さ	1　②　3　4　5
低音、高音の質の良さ	1　2　③　4　5

ディスクA　評価者B

評価項目/評価点	← 劣る　標準　優秀 →
全体的総合音質	1　2　③　4　5
分解能の良さ・繊細さ	1　2　3　④　5
音のヌケの良さ	1　2　③　4　5
各楽器の定位の良さ	1　2　③　4　5
低音、高音の質の良さ	1　2　③　4　5

ディスクB　評価者A

評価項目/評価点	← 劣る　標準　優秀 →
全体的総合音質	1　2　③　4　5
分解能の良さ・繊細さ	1　2　3　④　5
音のヌケの良さ	1　2　③　4　5
各楽器の定位の良さ	1　2　③　4　5
低音、高音の質の良さ	1　2　③　4　5

ディスクB　評価者B

評価項目/評価点	← 劣る　標準　優秀 →
全体的総合音質	1　2　③　4　5
分解能の良さ・繊細さ	1　②　3　4　5
音のヌケの良さ	1　2　③　4　5
各楽器の定位の良さ	1　2　3　④　5
低音、高音の質の良さ	1　2　③　4　5

ディスクC　評価者A

評価項目/評価点	← 劣る　標準　優秀 →
全体的総合音質	1　2　3　④　5
分解能の良さ・繊細さ	1　2　③　4　5
音のヌケの良さ	1　②　3　4　5
各楽器の定位の良さ	1　2　③　4　5
低音、高音の質の良さ	1　2　③　4　5

ディスクC　評価者B

評価項目/評価点	← 劣る　標準　優秀 →
全体的総合音質	1　2　③　4　5
分解能の良さ・繊細さ	1　②　3　4　5
音のヌケの良さ	1　②　3　4　5
各楽器の定位の良さ	1　2　③　4　5
低音、高音の質の良さ	1　2　③　4　5

■評価シート―4：MUSES8820

ディスクA　評価者A

評価項目/評価点	← 劣る　標準　優秀 →
全体的総合音質	1　2　3　④　5
分解能の良さ・繊細さ	1　2　③　4　5
音のヌケの良さ	1　2　③　4　5
各楽器の定位の良さ	1　2　③　4　5
低音、高音の質の良さ	1　2　3　④　5

ディスクA　評価者B

評価項目/評価点	← 劣る　標準　優秀 →
全体的総合音質	1　2　③　4　5
分解能の良さ・繊細さ	1　2　③　4　5
音のヌケの良さ	1　2　3　④　5
各楽器の定位の良さ	1　2　③　4　5
低音、高音の質の良さ	1　2　③　4　5

ディスクB　評価者A

評価項目/評価点	← 劣る　標準　優秀 →
全体的総合音質	1　2　3　④　5
分解能の良さ・繊細さ	1　2　③　4　5
音のヌケの良さ	1　2　③　4　5
各楽器の定位の良さ	1　2　③　4　5
低音、高音の質の良さ	1　2　3　④　5

ディスクB　評価者B

評価項目/評価点	← 劣る　標準　優秀 →
全体的総合音質	1　2　③　4　5
分解能の良さ・繊細さ	1　2　③　4　5
音のヌケの良さ	1　②　3　4　5
各楽器の定位の良さ	1　2　3　④　5
低音、高音の質の良さ	1　2　③　4　5

ディスクC　評価者A

評価項目/評価点	← 劣る　標準　優秀 →
全体的総合音質	1　2　3　④　5
分解能の良さ・繊細さ	1　2　③　4　5
音のヌケの良さ	1　2　3　④　5
各楽器の定位の良さ	1　2　3　④　5
低音、高音の質の良さ	1　②　3　4　5

ディスクC　評価者B

評価項目/評価点	← 劣る　標準　優秀 →
全体的総合音質	1　2　③　4　5
分解能の良さ・繊細さ	1　2　③　4　5
音のヌケの良さ	1　②　3　4　5
各楽器の定位の良さ	1　2　3　④　5
低音、高音の質の良さ	1　2　③　4　5

■評価シート―5：OPA627A

ディスクA　評価者A

評価項目/評価点	← 劣る　標準　優秀 →
全体的総合音質	1　2　3　4　⑤
分解能の良さ・繊細さ	1　2　3　4　⑤
音のヌケの良さ	1　2　3　4　⑤
各楽器の定位の良さ	1　2　3　4　⑤
低音、高音の質の良さ	1　2　3　4　⑤

ディスクA　評価者B

評価項目/評価点	← 劣る　標準　優秀 →
全体的総合音質	1　2　3　④　5
分解能の良さ・繊細さ	1　2　3　④　5
音のヌケの良さ	1　2　3　④　5
各楽器の定位の良さ	1　2　3　4　⑤
低音、高音の質の良さ	1　2　3　④　5

ディスクB　評価者A

評価項目/評価点	← 劣る　標準　優秀 →
全体的総合音質	1　2　3　4　⑤
分解能の良さ・繊細さ	1　2　3　4　⑤
音のヌケの良さ	1　2　3　④　5
各楽器の定位の良さ	1　2　3　④　5
低音、高音の質の良さ	1　2　3　4　⑤

ディスクB　評価者B

評価項目/評価点	← 劣る　標準　優秀 →
全体的総合音質	1　2　3　④　5
分解能の良さ・繊細さ	1　2　3　4　⑤
音のヌケの良さ	1　2　③　4　5
各楽器の定位の良さ	1　2　3　④　5
低音、高音の質の良さ	1　2　3　④　5

ディスクC　評価者A

評価項目/評価点	← 劣る　標準　優秀 →
全体的総合音質	1　2　3　4　⑤
分解能の良さ・繊細さ	1　2　3　4　⑤
音のヌケの良さ	1　2　3　4　⑤
各楽器の定位の良さ	1　2　3　4　⑤
低音、高音の質の良さ	1　2　3　4　⑤

ディスクC　評価者B

評価項目/評価点	← 劣る　標準　優秀 →
全体的総合音質	1　2　3　④　5
分解能の良さ・繊細さ	1　2　3　④　5
音のヌケの良さ	1　2　③　4　5
各楽器の定位の良さ	1　2　3　④　5
低音、高音の質の良さ	1　2　3　④　5

■評価シート─6：OPA604

ディスクA　評価者A

評価項目／評価点	1	2	3	4	5
全体的総合音質					○
分解能の良さ・繊細さ			○		
音のヌケの良さ				○	
各楽器の定位の良さ			○		
低音、高音の質の良さ				○	

ディスクA　評価者B

評価項目／評価点	1	2	3	4	5
全体的総合音質				○	
分解能の良さ・繊細さ			○		
音のヌケの良さ			○		
各楽器の定位の良さ				○	
低音、高音の質の良さ				○	

ディスクB　評価者A

評価項目／評価点	1	2	3	4	5
全体的総合音質					○
分解能の良さ・繊細さ				○	
音のヌケの良さ				○	
各楽器の定位の良さ			○		
低音、高音の質の良さ				○	

ディスクB　評価者B

評価項目／評価点	1	2	3	4	5
全体的総合音質				○	
分解能の良さ・繊細さ				○	
音のヌケの良さ			○		
各楽器の定位の良さ				○	
低音、高音の質の良さ				○	

ディスクC　評価者A

評価項目／評価点	1	2	3	4	5
全体的総合音質					○
分解能の良さ・繊細さ				○	
音のヌケの良さ				○	
各楽器の定位の良さ				○	
低音、高音の質の良さ					○

ディスクC　評価者B

評価項目／評価点	1	2	3	4	5
全体的総合音質				○	
分解能の良さ・繊細さ				○	
音のヌケの良さ			○		
各楽器の定位の良さ			○		
低音、高音の質の良さ				○	

■評価シート─7：OPA134

ディスクA　評価者A

評価項目／評価点	1	2	3	4	5
全体的総合音質				○	
分解能の良さ・繊細さ			○		
音のヌケの良さ		○			
各楽器の定位の良さ			○		
低音、高音の質の良さ				○	

ディスクA　評価者B

評価項目／評価点	1	2	3	4	5
全体的総合音質			○		
分解能の良さ・繊細さ		○			
音のヌケの良さ		○			
各楽器の定位の良さ				○	
低音、高音の質の良さ			○		

ディスクB　評価者A

評価項目／評価点	1	2	3	4	5
全体的総合音質				○	
分解能の良さ・繊細さ			○		
音のヌケの良さ		○			
各楽器の定位の良さ			○		
低音、高音の質の良さ				○	

ディスクB　評価者B

評価項目／評価点	1	2	3	4	5
全体的総合音質			○		
分解能の良さ・繊細さ		○			
音のヌケの良さ			○		
各楽器の定位の良さ				○	
低音、高音の質の良さ			○		

ディスクC　評価者A

評価項目／評価点	1	2	3	4	5
全体的総合音質				○	
分解能の良さ・繊細さ			○		
音のヌケの良さ				○	
各楽器の定位の良さ			○		
低音、高音の質の良さ				○	

ディスクC　評価者B

評価項目／評価点	1	2	3	4	5
全体的総合音質			○		
分解能の良さ・繊細さ		○			
音のヌケの良さ				○	
各楽器の定位の良さ			○		
低音、高音の質の良さ			○		

■音質評価でのコメント

　今回の各オペアンプICモデルの音質評価結果は、採点表では前述の通りの結果であったが、各音源（CDディスク）と各オペアンプICモデルの組み合わせで、採点表以外での評価コメントが得られた。本項ではこれら評価コメントについて紹介する。繰り返すがこれらは個人的な印象であり、試聴ソフト、ハードの環境が変われば印象も変わってくることをご承知願いたい。

・LT1115：ディスクBにて、Vocalに元気が出た。ギター絃の音に艶あり。ディスクCにて芯のある音。

・LM49860：ディスクAにて、控えめで落ち着いた音。ディスクBにてギターのフィンガリング音が再現できている。ディスクCにて奥行き感がある。ピアノの減衰が自然。

・MUSES8820：ディスクBにて、古き良き音の印象。しかし決して古くさい音質ではなく現代的。

・OPA627A：ディスクAにて、ギターの音の背景にあるオーケストラの残響がきれい。ディスクBにて、Vocalの子音が自然に聴こえる。ディスクCにて、ヴァイオリンに風格が出た。強弱や陰影がきれい。

・OPA604：ディスクBにて、独特の雰囲気、ギターがよく聴こえVocalに余裕が出た。ディスクCにて、ヴァイオリンの木製という音がある。暖かみのある音。

・OPA134：ディスクAにて、ピッコロやフルートの音が突き刺さらない。ディスクBにて、OPA604と同じ雰囲気。ディスクCにて、OPA604とNE5534Aとの中間的な感じ。

おわりに

　本書ではエレクトロニクス業界で非常に多く用いられているオペアンプICの中でも、オーディオ/デジタルオーディオ用途によく用いられている、高精度、低ノイズ、オーディオ用オペアンプICについて総合的に解説させていただいた。「はじめに」で示した通り、『MJ無線と実験』2010年10月から掲載された、筆者のオペアンプに関する解説/紹介記事をベースにしている。本書ではこれを加筆修正するとともに、オペアンプICの基本、動作、各社オペアンプICの概要と特徴、仕様（スペック）、応用回路例などについて解説させていただいたが、改めて各社の製品資料（主にデータシート）はオペアンプICを知る上で技術情報の宝庫であることがわかった。データシートの見方については本書にて、なるべくわかりやすく、そのキーポイントについて解説したつもりであるが、紙幅の都合もあり不十分な部分もあったかと思われることをご容赦いただきたい。

　最後に読者の方々、特にオーディオ機器を自作されている方々がオペアンプICを用いる場合、本書をオペアンプICのモデル選択や回路設計に役立てていただければ幸いである。オーディオ用途では電気的特性と同様に、音質といった人間の感性に関する特性が重要であることが悩ましいところでもあるが、音質については各オペアンプICを実際に試していただいて最適モデルを選択することを推奨する。

索　引

＊製品資料、写真等参考／引用元（順不同）

アナログ・デバイセズ　https://www.analog.com/jp/index.html

日本テキサス・インスツルメンツ株式会社　https://www.tij.co.jp/

マキシムジャパン株式会社　https://www.maximintegrated.com/jp.html

リニアテクノジー　https://www.analog.com/jp/index.html

新日本無線株式会社　https://www.njr.co.jp/

株式会社音元出版 phileweb　https://www.phileweb.com/

「C++でVST作り」　https://vstcpp.wpblog.jp/

AudioTrack　https://www.minet.jp/brand/waves/audiotrack/

エイ・アンド・エム株式会社　http://www.airtight-am.net/

コーンズ テクノロジー株式会社　https://www.cornestech.co.jp/

●測定、試聴協力　オーロラサウンド株式会社

本文デザイン　アートマン
カバー・表紙デザイン　ニルソン
トレース　新生社

ハイレゾ時代のオペアンプ IC を，内部構成，アプリケーション，
実測データと試聴で解説
最新版 オーディオ用オペアンプ IC デバイスのすべて

2020 年 7 月 15 日　発　行　　　　　　　　　　　　　　　NDC549

著　者　河合　一

発行者　小川　雄一

発行所　株式会社 誠文堂新光社
　　　　〒113-0033 東京都文京区本郷 3-3-11
　　　　（編集）03-5800-3612
　　　　（販売）03-5800-5780
　　　　https://www.seibundo-shinkosha.net/

印刷所　広研印刷 株式会社
製本所　和光堂 株式会社

ⓒ 2020, Hajime Kawai
Printed in Japan
検印省略、本書掲載記事の無断転載転用を禁じます。
万一落丁、乱丁の場合はお取り替えいたします。

★本書掲載記事の無断転載を禁じます
本書のコピー、スキャン、デジタル化等の無断複製は、著作権法上での例外を除き、禁じられています。本書を代行業者等の第三者に依頼してスキャンやデジタル化することは、たとえ個人や家庭内での利用であっても著作権法上認められません。

JCOPY 〈（一社）出版者著作権管理機構 委託出版物〉
本書を無断で複製複写（コピー）することは、著作権法上での例外を除き、禁じられています。本書をコピーされる場合は、そのつど事前に、（一社）出版者著作権管理機構（電話 03-5244-5088 ／ FAX 03-5244-5089 ／ e-mail:info@jcopy.or.jp）の許諾を得てください。

ISBN978-4-416-62029-8